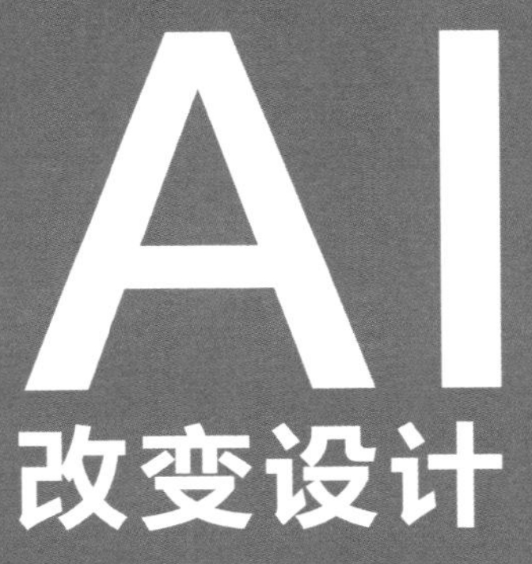

人工智能时代的设计师生存手册

薛志荣——著

清華大学出版社
北 京

内容简介

相比移动互联网设计，人工智能时代的设计会更有挑战性，原因在于人工智能技术尚未成熟以及语音识别、增强现实和虚拟现实等与人工智能相关的新领域都需要时间来探索。在未来，设计师需要考虑更多的技术因素，但国内绝大部分设计师缺乏技术背景。

为了解决设计师的这一刚需，本书会从技术角度切入，介绍当下人工智能的相关知识，再围绕商业、产品、用户需求等多个角度阐述人工智能与设计的关系，提出人工智能设计的相关见解，同时也会结合作者自己的学习和工作经验，对设计师在AI时代下的发展规划给出相关建议。

图书在版编目（CIP）数据

AI改变设计：人工智能时代的设计师生存手册 / 薛志荣著. —北京：清华大学出版社，2019（2024.3 重印）

ISBN 978-7-302-51722-1

Ⅰ. ①A… Ⅱ. ①薛… Ⅲ. ①人工智能－程序设计－手册 Ⅳ. ①TP18-62

中国版本图书馆CIP数据核字（2018）第266970号

责任编辑：张　敏
封面设计：杨玉兰
责任校对：胡伟民
责任印制：杨　艳

出版发行：清华大学出版社
　　网　　址：https://www.tup.com.cn，https://www.wqxuetang.com
　　地　　址：北京清华大学学研大厦A座　　**邮　　编：**100084
　　社 总 机：010-83470000　　**邮　　购：**010-62786544
　　投稿与读者服务：010-62776969，c-service@tup.tsinghua.edu.cn
　　质量反馈：010-62772015，zhiliang@tup.tsinghua.edu.cn
印 装 者：小森印刷（北京）有限公司
经　　销：全国新华书店
开　　本：148mm×210mm　　**印　　张：**8.75　　**字　　数：**180千字
版　　次：2019年1月第1版　　**印　　次：**2024年3月第5次印刷
定　　价：69.00元

产品编号：079493-01

序言一

在 20 世纪 90 年代早期，国内设计界开始广泛将计算机应用于设计工作中，特别在桌面排版领域，为设计师带来了新型的排版和输出方式。一方面，功能强大的软件让设计师会担心被取代；另外一方面，随着计算机艺术设计软件的广泛运用，同质化的作品也开始出现，从而引发设计师的警觉与争议。当下再回顾这段历史，虽然仍有部分工作被取代，但是设计师获取了更加便利和自由的工具和助手，以往的担忧并没有成为现实。

当下，人工智能快速发展，人们再次担心职业被取代的问题。哪怕是以人为本、带来美感和灵感创作的设计领域都岌岌可危。各大企业纷纷制定出人工智能先行的发展策略，主流的人工智能平台也借助开源的模式打造生态圈，同时支持更多领域的初创企业和创新应用。设计作为科技、人文与商业交叉领域的学科，正受到人工智能再次兴起的影响。2017 年阿里智能设计实验室推出“鹿班”系统，“双 11”期间设计出 4 亿张 Banner，这给设计师确实带来不小的冲击。在这样的环境下，我们该如何提升自己的能力？人工智能会取代设计师还是成为更强大的设计辅助工具？

人工智能已逐步演变成创新的基础设施，也将成为设计师的助理和伙伴，一部分重复性的劳动以及海量的数据分析工作都可以由人工智能协助，设计师可以有更多的精力侧重于评价、判断和选择，由此使自己更具个性化的创造力、应对复杂问题识别机会的能力、批判性思维能力，以上将成为设计师着力发展的核心。Dell 公司 EMC 服务的首席技术官比尔•施马佐（Bill Schmarzo）

结合机器学习，提出了分析（Analyze）、合成（Synthesize）、设想（Ideate）、调优（Tuning ）、验证（Validate）的设计步骤，这与IDEO 提出的设计思维有很大的契合点。以上过程中都需要对利益相关者、学习的事物进行分析，了解用户的需求，对目标进行定义和计划，为创建的问题提出一定数量的愿景方案，再根据设想设计原型或调整模型，最后对产品进行评测和验证。这也为人工智能时代的设计发展提供了程序与方法上的支持。

对设计而言，人工智能将是一种新的思考方式，也是一种新的实现手段。在产品战略方面，需要探索适合的应用场景，以需求为导向；在产品实现方面，要有技术实现能力，也需要获取高质量的数据。这些都要求设计师具有对趋势的把握能力、对用户体验的塑造能力，以及跨学科的综合实现能力。未来，对设计和设计师自身的研究，将成为设计与人工智能结合的基础，有多少对设计的深刻理解，也就有多少设计的智能。

薛志荣先生的《AI 改变设计——人工智能时代的设计师生存手册》，以设计师的语言，探索了人工智能发展的历史，并对人工智能时代设计对象、设计流程、设计应用及设计师的能力塑造，提供了全方位的解析和描述。对于设计师来说，这是一个非常好的学习和理解人工智能与相关设计知识旅程的起点。人工智能作为设计工具和伙伴，能为设计师带来更多的设计发挥空间和创新思想。也期待本书能够引领更多设计师参与提升人工智能的水平，为设计未来的发展提供更有创建性的解决方案。

付志勇

清华大学美术学院副教授

序言二

"AI时代的设计师生存手册"？

这话其实说得不完全对，因为在AI时代中要考虑生存问题的，不只是设计师，而是各行各业的每个人！这是每个人都不得不面对的危险与机会。世界各地都有研究者对于人工智能取代人类工作做出了预测，即便是最乐观的结果，也是在接下来几十年内会有一半以上的人类工作被人工智能取代。最容易被取代的，是那些规则性强、易于做判断的工作。例如，美国在互联网和人工智能的连续冲击下，股票交易员事实上已经成为消失的职业。而最难被取代的三类职业，则是跨领域综合决策类（例如CEO）、创造力类（例如设计师，但是各行各业都可以做到以创造力去解决问题）、情感与服务类（例如保姆）。

设计师位列最难被取代的三类职业之一，但千万别觉得可以高枕无忧。

一方面，今天市场上存在大量的设计师，因为种种原因，事实上在做着规则性非常强、创造力水平非常低的工作，所以"鹿班"不仅在设计数量上，哪怕在设计质量上都能胜过很多"设计师"。这样的"设计师"显然是会被取代的。

另一方面，人工智能应用将会带来设计基础、设计对象、设计方法上的全面冲击，例如产品不一定有可视化的界面，可能会让视觉设计师感到无所适从；人工智能产品对于软硬件的共同依赖，可能会让习惯了做软件设计或硬件设计的设计师面临巨大挑战；人工智能通过充分使用数据而使产品真正意义上做到千人千面，对于设计方法和流程更是提出了革新的要求……

设计面临重大挑战，设计师面临重大挑战；即便你不是设计师，也将在创造力上面临重大挑战。所幸，每一波技术进步，都首先要经历技术成长期，进入到技术成熟期以后，竞争的焦点才会向产品设计转移，设计才会真正站到这一波技术的浪潮之巅。互联网从技术开始广泛应用，到产品设计成为竞争的焦点，经历了差不多十年的时间（大约是 1995—2005 年）；这一波人工智能技术的发展很可能比互联网当年更快。这也意味着，还有留给设计师准备的时间，但也不多了。

最后，我们现在说的可能都是错的——在高速发展的技术面前，没有人能用过去的经验准确预知一切。所以每个人都需要更认真地发现自己内心的追求，更努力地为将来做准备，更坦然地面对可能发生的变化。

吴卓浩

创新工场人工智能工程院副总裁

前谷歌中国用户体验团队负责人

2018 年 11 月 16 日于高铁上

前言

小时候最喜欢做的事情就是每周末晚上 9 点半搬个小凳子坐在电视前看香港明珠台的电影节目，《少数派报告》《黑客帝国》《钢铁侠》《第九区》《机械公敌》《创战纪》等科幻片一直是我最喜欢看的电影。我坚信终有一天我们的生活会变成像科幻片里的一样：随时随地随手在空气中唤醒一个计算机界面，然后想干嘛就干嘛。有人说过，每一个科幻小说作家都是一位预言家，只是大家不知道他的愿景几时会发生。既然已经有了预言，那何不自己尝试去实现它呢？科幻片里各种酷炫的特效，在我幼小的心灵里种下一粒做设计师的种子。

如果问未来 5 年的设计是什么样的，我们可以先了解一下前 10 年互联网的发展史。先回顾 2008 年：中国网民规模达到 2.9 亿人，普及率达到 21%。当时 Intel 发布了 Core i7 处理器第一代架构 Nehalem、英伟达发布了 GTX 200 系列显卡。计算机的主要用途是打游戏、执行各种工作软件和上网。当时的互联网已经进入 Web 2.0 时代，主要领域有社交（QQ、Facebook、博客、论坛、贴吧）、视频（Youtube、土豆、优酷）、音乐（酷狗）、门户网站（新浪、搜狐）和 OTA（携程、去哪儿）。用户的移动设备以功能机为主，当时的 2G 网络网速平均为 15KB/s。苹果发布了 iPhone 3G 和移动应用商店 App Store；Google 发布了 Android 1.0，智能手机设备处于起步阶段，主要功能和功能机没有太大差异，都是低像素拍照、QQ 聊天和用浏览器上 Wap。

再看看 2013 年：中国网民规模达到 5.91 亿人，普及率为 44.1%；手机网民规模达到 4.64 亿人，使用手机上网的人群占总网民人群比例的 78.5%，台式机上网的网民比例为 69.5%，比例持续下降。Intel 发布了 Core i7 处理器第四代架构 Haswell，性能比第一代提升 27%；英伟达发布的显卡 GTX 700 系列性能比 5 年前的 GTX 200 系列提升 5 倍以上。计算机的主要用途还是打游戏、执行各种工作软件和上网。互联网新增了团购、网盘、云计算等行业。在移动互联网方面，网络升级为 3G 网络，平均网速为 120KB/s。苹果发布了带有指纹识别的 iPhone 5s，性能比 iPhone 3G 提升 50 倍；同年 Google 发布了 Android 最重要的版本 4.4，此时 Android 已经有 9 亿部装置激活、480 亿个 App 安装。整个世界的移动互联网以井喷式的速度发展，每家大公司除了把 PC 主营业务迁移至移动端，还新增了团购、O2O、陌生人社交等新概念，各种工具型 App 和以 LBS（Location Based Service，基于位置的服务）为核心的衣食住行业务在不断快速发展。

2008—2013 年互联网发生质变的主要原因有以下几点：

（1）基础设备的性能提升，包括网络速度、移动设备性能的大幅度提升；服务器通过云计算的方式大幅度增强运算力。

（2）移动设备比 PC 设备更便宜以及方便携带。

（3）人机交互更为简单，从操控鼠标变成直接触屏操控目标。

（4）以用户为中心的 LBS 概念得到广泛应用。

而到2018年，中国网民规模达到8.02亿人，普及率为55.7%；手机网民规模达到7.88亿，使用手机上网的人群占总网民人群比例的98.3%，台式机上网的网民比例依然持续下降。Intel发布了Core i7处理器第八代架构Coffee Lake，性能比第四代提高30%左右；英伟达显卡RTX 2000系列的性能将比GTX 700系列提升10倍以上，计算机的主要用途除了打游戏、执行各种工作软件和上网，还新增了VR游戏。在移动互联网方面，网络升级为4G网络，平均网速为1MB/s。苹果发布的iPhone XS性能是iPhone 5s的12倍。相比2013年，移动互联网新增了移动支付、共享经济等概念；手机拍摄时自动美颜成为主流，视频成为最火的传播媒介；各种人工智能助手被不断地提出；各种移动AR和VR产品也在逐渐落地；越来越多的IoT设备例如智能音箱涌入市场；无人驾驶技术正在测试阶段；各种公共服务开始互联网化……

2013—2018年互联网发生质变的主要原因有以下几点：

（1）基础设备的性能再次提升，包括网络速度、移动设备性能的大幅度提升。

（2）各种机器学习算法的提出以及显卡GPU性能的大幅度提升促使并行计算的运算力和效率大大提高，云计算、无人驾驶、计算机视觉、自然语言处理、知识图谱等技术得以快速发展。

（3）在深度学习的帮助下，大数据终于有用武之处。

（4）百家争鸣的情况下企业很难找到商业模式的突破点，移动互联网已经成为红海，促使资金流向IoT、无人车等领域。

（5）大幅度的性能提升促使手机成为最好的边缘计算设备。爱美之心人皆有之，这也促使了人工智能技术与拍照、视频领域结合，计算机视觉技术得以广泛应用；语言是最自然的交互手段之一，摄像头和麦克风成为 AI 的最重要入口。

（6）软硬件技术的提升以及成本的降低促使 IoT 重新回到资本家的视野，更多的电子设备逐渐融入人类的生活。

（7）VR、AR 终于突破计算机视觉和计算机图形学的瓶颈。

2008—2018 年这 10 年，我们使用的计算机设备逐渐从台式机缩小至手提笔记本，再缩小至可方便携带的移动设备，我们的生活也因此发生巨大的改变：多名用户使用一台计算机设备，逐渐发展为一名用户拥有多台计算机设备，每一台手机基本默认为一个已确认身份的用户服务，全部的产品功能都可以围绕一个人而发生变化。因此，能否满足用户需求成为设计的关键。而商业发展的背后，更多是技术的发展和成熟，主要包括网络速度、算法、运算力和数据四个方面。未来 5 年内，中国的通信网络将升级为 5G 网络，它比 4G 网络的速度快 10 倍；各种神经网络算法使得计算机从“看清”“听清”逐渐发展至“看懂”和“听懂”；至于运算力方面，AI 芯片和量子计算成为每家公司甚至是每个大国的主要竞争领域，未来每台设备都很有可能拥有 AI 运算能力。用户的数据分析得益于以上三点，将变得更精准和更高效。

商业和用户需求往往因为技术的变革会有新的变化：商业从围绕用户群体制定推荐策略，改为围绕每一名用户的生活和经历制定不一样的精准推荐；每一位用户都希望自己的生活变得更加便利和有趣。设计是用户、商业和技术闭环中连接用户与商业的桥梁，未来 5 年设计是什么样的？这将是我们设计师需要一起探索的话题。

当今时代发展迅速，尤其是 2015 年之后，感觉每一年都是一个新领域的元年，每一个新领域的崛起意味着又有新的设计技能需要学习，而自己一不留神就可能被新的技术和新的设计淘汰，我相信很多设计师都有这样的看法。我们如何去应对这个日新月异的时代？我们是否会被人工智能取代？我们要如何在人工智能时代下成为更好的设计师？这正是我写这本书的目的。希望通过这本书，能为大家深入浅出地讲解现在的人工智能是什么，尤其是为没有开发经验的设计师讲解清楚人工智能的历史背景和现有技术；再结合一些人工智能和设计的案例，让大家清楚现在和未来我们能做什么、怎么做；最后通过对一些跨界设计师的采访，希望能给大家带来一些启发。

人工智能时代已经来临，你还在等什么？

作者　薛志荣

参考文献和拓展资料
请扫描二维码查看

目录

第 1 章

人工智能的定义与人机交互的发展

1.1 人工智能的发展历程

说起人工智能（Artificial Intelligence，AI），不得不提及人工智能的历史。人工智能的概念主要由艾伦·图灵（Alan Turing）[①] 提出：机器会思考吗？如果一台机器能够与人类对话而不被辨别出其机器的身份，那么这台机器具有智能的特征。同年，艾伦·图灵还预言存在一定的可能性可以创造出具有真正智能的机器。

1.1.1 AI 诞生

1956 年 8 月，在达特茅斯学院举行的一次会议上，来自不同领域（数学、心理学、工程学、经济学和政治学）的科学家一起讨论如何利用机器来模仿人类学习以及其他方面的智能。会议足足开了两个月的时间，虽然大家没有达成普遍的共识，

① 艾伦·图灵（1912.6.23—1954.6.7），曾协助英国军队破解了德国的著名密码系统 Enigma，帮助盟军取得了第二次世界大战的胜利。因提出一种用于判定机器是否具有智能的试验方法，即图灵试验，被后人称为计算机之父和人工智能之父。

但是却为会议讨论的内容起了一个名字："人工智能"，并正式把人工智能确立为研究学科。因此，1956 年成了人工智能的元年。

2006 年达特茅斯会议当事人重聚，左起：特伦查德·摩尔（Trenchard More）、约翰·麦卡锡（John McCarthy）[1]、马文·明斯基（Marvin Minsky）[2]、奥利弗·赛尔弗里纪（Oliver Selfridge）、雷·索洛莫洛夫（Ray Solomonoff）

① 约翰·麦卡锡（1927.9.4—2011.10.24），达特茅斯会议主要发起人。1956 年，麦卡锡发明了 LISP 编程语言，该语言至今仍在人工智能领域广泛使用；1958 年，麦卡锡与明斯基一起组建了世界上第一个人工智能实验室；由于在人工智能领域的杰出贡献，麦卡锡在 1971 年获得"计算机界的诺贝尔奖"——图灵奖。

② 马文·明斯基（1927.8.9—2016.1.24），达特茅斯会议主要发起人。由于他的研究引领了人工智能、认知心理学、神经网络等领域的发展潮流，并在图像处理领域、符号计算、知识表示、计算语义学、机器感知和符号连接学习领域做出了许多贡献，1969 年，明斯基被授予图灵奖，这是第一位获此殊荣的人工智能学者。

1.1.2 第一次发展高潮（1955—1974 年）

达特茅斯会议之后是大发现的时代。对很多人来讲，这一阶段开发出来的程序堪称神奇：计算机可以解决代数应用题、证明几何定理、学习和使用英语。在众多研究当中，搜索式推理、自然语言、微世界①在当时最具影响力。

大量成功的 AI 程序和新的研究方向不断涌现，研究学者认为具有完全智能的机器将在二十年内出现并给出了如下预言：

1958 年，赫伯特 • 西蒙（H.A Simon）和艾伦 • 纽厄尔（Allen Newell）认为：“十年之内，数字计算机将成为国际象棋世界冠军；数字计算机将发现并证明一个重要的数学定理。”

1965 年，赫伯特 • 西蒙认为：“二十年内，机器将能完成人能做到的一切工作。”

1967 年，马文 • 明斯基认为：“在一代人的时间里，各种创造‘人工智能’的问题将获得实质上的解决。”

1970 年，马文 • 明斯基认为：“在 3 ～ 8 年的时间里我们将得到一台具有人类平均智能的机器。”

美国政府向这一新兴领域投入了大笔资金，每年将数百万美元投入到麻省理工学院、卡耐基梅隆大学、爱丁堡大学和斯坦福大学四个研究机构，并允许研究学者去研究任何感兴趣的方向。

① 20 世纪 60 年代后期，马文 • 明斯基和西摩尔 • 派普特（Seymour Papert）建议 AI 研究者们专注于被称为“微世界”的简单场景。他们指出在成熟的学科中，往往使用简化模型更能帮助理解基本原则，例如物理学中的光滑平面和完美刚体。

当时主要成就如下：

（1）人工神经网络在 20 世纪 30—50 年代被提出，1951 年马文·明斯基制造出第一台神经网络机。

（2）理查·贝尔曼（Richard Bellman）提出了贝尔曼方程（也被称为动态规划方程，被认为是强化学习的雏形）。

（3）弗兰克·罗森布拉特（Frank Rosenblatt）提出了感知器模型（深度学习的雏形）。

（4）人工智能研究人员先后提出了搜索式推理、自然语言处理、微世界等人工智能概念。

（5）人工智能研究人员首次提出：人工智能拥有模仿智能的特征，懂得使用语言，懂得形成抽象概念并解决人类现存问题。

（6）亚瑟·塞缪尔（Arthur Samuel）在 20 世纪 50 年代中期和 60 年代初期开发了国际象棋程序，程序的棋力已经可以挑战具有相当水平的业余爱好者。

（7）查理·罗森（Charlie Rosen）打造了全球首款具备移动能力的智能机器人 Shakey，它可以感知周围环境并创建路线规划；可以根据明晰的事实来推断隐藏的含义；能够通过普通英语进行沟通。该机器人项目受到政府和研究人员的大力宣传，人们将其视作世界上第一台通用机器人。

1.1.3　第一次寒冬（1974—1980 年）

20 世纪 70 年代初，人工智能的研究首次遭遇到瓶颈。研究学者逐渐发现，虽然机器拥有了简单的逻辑推理能力，但遭遇到当时无法克服的基础性障碍，人工智能停留在“玩具”阶段止步不前，远远达不到曾经预言的完全智能。詹姆斯•莱特希尔（James Lighthill）在 1973 年发出的报告中对目前人工智能基础研究进行了评判，认为当前的自动机和中央神经系统研究虽然有价值但进展令人失望，并认为机器人研究没有太大价值，建议取消对机器人的研究。由于此前的过于乐观使得人们期待过高，当人工智能研究人员的承诺无法兑现时，公众开始激烈批评相关研究人员，许多机构不断减少对人工智能研究的资助，直至停止拨款。

当时主要问题如下：

（1）计算机运算能力遭遇瓶颈，无法解决指数型爆炸的复杂计算问题。

（2）常识和推理需要大量对世界的认识信息，计算机达不到“看懂”和“听懂”的地步。

（3）计算机无法解决莫拉维克悖论[①]。

（4）计算机无法解决部分涉及自动规划的逻辑问题。

（5）神经网络研究学者遭遇冷落。

---

① 莫拉维克悖论：如果机器能像数学天才一样下象棋，那么它能模仿婴儿学习又有多难呢？事实证明这是相当难的。

1.1.4 第二次发展高潮（1980—1987 年）

20 世纪 80 年代初，一类名为“专家系统”[①] 的 AI 程序开始被全世界的公司所采纳，人工智能研究迎来了新一轮高潮。在这期间，卡耐基梅隆大学为 DEC 公司设计的 XCON 专家系统能够每年为 DEC 公司节省数千万美金。日本经济产业省拨款 8 亿 5 千万美元支持第五代计算机项目，其目标是造出能够与人对话、翻译语言、解释图像、能够像人一样推理的机器。其他国家也纷纷做出了响应，并对 AI 和信息技术的大规模项目提供了巨额资助。

当时主要成就如下：

（1）专家系统的诞生。

（2）人工智能研究人员发现智能可能需要建立在对分门别类的大量知识的多种处理方法之上。

（3）由杰弗里 • 辛顿（Geoffrey Hinton）[②] 等研究人员提出的反向传播算法实现了神经网络训练的突破，神经网络研究学者重新受到关注。

（4）人工智能研究人员首次提出：机器为了获得真正的智能，

---

① 专家系统：一种程序，能够依据一组从专门知识中推演出的逻辑规则在某一特定领域回答或解决问题。由于专家系统仅限于一个很小的领域，从而避免了常识问题。“知识处理”随之也成了主流 AI 研究的焦点。

② 杰弗里 • 辛顿是反向传播算法和对比散度算法的发明人之一，也是深度学习的积极推动者，被业界称为“深度学习”之父和 AI 教父，2013 年加入 Google 从事 AI 研究。

机器必须具有躯体，它需要有感知、移动、生存，与这个世界交互的能力。感知运动技能对于常识推理等高层次技能是至关重要的，基于对事物的推理能力比抽象能力更为重要，这也促进了未来自然语言、机器视觉的发展。

1.1.5 第二次寒冬（1987—1993 年）

1987 年，AI 硬件的市场需求突然下跌。科学家发现，专家系统虽然很有用，但它的应用领域过于狭窄，而且更新迭代和维护成本非常高。同期美国 Apple 和 IBM 生产的台式机性能不断提升，个人计算机的理念不断蔓延；日本人设定的“第五代工程”最终也没能实现。人工智能研究再次遭遇了财政困难，一夜之间这个价值五亿美元的产业土崩瓦解。

当时主要问题如下：

（1）大型计算机受到台式机和个人计算机理念的冲击影响。

（2）商业机构对人工智能的追捧逐渐冷落，使人工智能再次化为泡沫并破裂。

（3）计算机性能瓶颈仍然无法突破。

（4）人工智能研究人员仍然缺乏海量数据训练机器。

1.1.6　第三次发展高潮（1993 年至今）

在摩尔定律[①]下，计算机性能不断突破。云计算、大数据、机器学习、自然语言和机器视觉等领域发展迅速，人工智能迎来第三次高潮。在这一阶段，AI 发展的主要事件如下。

1997 年：

IBM 的国际象棋机器人“深蓝”战胜了曾经 23 次获得世界排名第一的国际象棋世界冠军卡斯帕罗夫（Garry Kasparov）。这是一次具有里程碑意义的成功，它代表了基于规则的人工智能的胜利。

卡斯帕罗夫和深蓝机器人博弈

① 摩尔定律：起始于高登 • 摩尔（Gordon Moore）在 1965 年的一个预言，当时他看到英特尔公司做的几款芯片，觉得 18—24 个月可以把晶体管体积缩小一半，个数可以翻一番，运算处理能力能翻一倍。没想到这么一个简单的预言成真了，下面几十年一直按这个节奏往前走，成了摩尔定律。

2005 年：

塞巴斯蒂安 • 特伦（Sebastian Thrun）[1] 带领斯坦福大学的学生制造了一台无人驾驶汽车 Stanley 并参加 DARPA（美国国防部高级研究计划所）举办的无人驾驶汽车大赛，Stanley 成功地在一条沙漠小径上自动行驶了 131 英里，也是比赛以来第一辆成功穿越整个沙漠回到起点的汽车，最终斯坦福大学赢得了 DARPA 挑战大赛头奖和两百万美元奖金。

无人驾驶汽车 Stanley

2006 年：

（1）杰弗里•辛顿以及他的学生鲁斯兰•萨拉赫丁诺夫（Ruslan

① 塞巴斯蒂安 • 特伦是斯坦福大学终身教授，机器人与人工智能领域专家，被称为无人驾驶汽车之父；同时他也是 Google X 实验室的创始人、Google 街景地图之父、Google Glass 之父；后来他离开 Google 创立了在线教育平台 Udacity，是 MOOC（慕课）教育的开创者之一。

Salakhutdinov）[①] 在国际顶级期刊《科学》上正式提出了深度学习的概念，为后来人工智能的发展带来了重大影响。

（2）Google 前 CEO 埃里克 • 施密特（Eric Schmidt）在搜索引擎大会提出“云计算”概念，并表示“云计算”将取代传统以 PC 为中心的计算。

2010 年：

（1）塞巴斯蒂安 • 特伦领导的谷歌无人驾驶汽车被曝光，谷歌的无人驾驶汽车在加州的高速公路和弯曲的城市街道上行驶并创下了超过 14 万千米无事故的纪录。

（2）斯坦福大学任助理教授李飞飞和同事在 2009 年国际计算机视觉与模式识别会议（Conference on Computer Vision and Pattern Recognition，CVPR）的一篇论文中推出了 ImageNet 数据集。从 2007—2009 年，ImageNet 利用人工、互联网分时雇佣平台等传统方法，收集了超过 320 万个被标记的图像，分为 12 个大类别以及 5247 个小类别。ImageNet 数据集可以说是计算机视觉研究人员进行大规模物体识别和检测时最常用也是最优先考虑的视觉大数据来源。从 2010 年开始，这个数据集迅速发展成为一项年度竞赛——ImageNet 大规模视觉识别挑战赛（ImageNet Large Scale Visual Recognition Challenge，ILSVRC），衡量哪些算法可以以最低的错误率识别数据集图像中的物体。

① 鲁斯兰 • 萨拉赫丁诺夫在 2016 年成为苹果的 AI 研究团队负责人。

2011 年：

（1）IBM Waston 参加智力游戏《危险边缘》，击败最高奖金得主布拉德·鲁特（Brad Rutter）和连胜纪录保持者肯·詹宁斯（Ken Jennings）。

（2）苹果发布语音个人助手 Siri，用户可以使用自然的对话与手机进行交互，完成搜索数据、查询天气、设置手机日历、设置闹铃等许多服务。

（3）Nest Lab 发布第一代智能恒温器 Nest，它可以了解用户的习惯，并相应自动地调节温度。

第一代智能恒温器 Nest

2012 年：

（1）Google 发布了个人助理 Google Now，Google Now 为 Google 搜索应用程序的一部分，它可以识别用户在设备上重复的动作，例如常见的位置、重复的日历活动、搜索历史等，并以卡片的方式向用户提供相关信息。

（2）杰夫·迪恩（Jeff Dean）[①]和吴恩达[②]领导了“谷歌大脑”项目，通过深度学习技术让 16000 个中央处理器核心学习 1000 万张关于猫的图片后，成功在海量 Youtube 视频中识别出猫的图像，这次成功被大众认为是人工智能领域真正的里程碑。

（3）在 ILSVRC 2012 中，多伦多大学的杰弗里·辛顿（Geoffrey Hinton）和他的两名学生提交了一个名为 AlexNet 的深度卷积神经网络架构，使图像识别错误率降低至 10.8%，获得了当年竞赛的第一名。同时，卷积神经网络的效果震惊了整个计算机视觉界，成为业界里家喻户晓的名字。

（4）上文提及的 AlexNet 仅在 2 块英伟达 GTX 580 GPU 上训练几天就赢得了 ILSVRC 2012 的冠军，极大地降低了时间和硬件成本。这件事引起了世界各地的人工智能研究人员的关注，用 GPU 来训练模型使得深度学习技术得以迅速发展。英伟达也凭借

---

① 杰夫·迪恩是谷歌的第 20 号员工，被称为谷歌技术奠基人，他是谷歌大脑、谷歌机器学习开源框架 TensorFlow、谷歌超大规模计算框架 MapReduce、谷歌广告系统、谷歌搜索系统等技术的重要创始人之一。2018 年，杰夫·迪恩升任为 Google AI 总负责人。

② 吴恩达是斯坦福大学副教授和斯坦福人工智能实验室主任，他开设的机器学习课程成为斯坦福最受欢迎课程之一。2010 年吴恩达加入了 Google，领导建立了著名的谷歌大脑；2013 年吴恩达入选《时代》杂志年度全球最有影响力 100 人，成为 16 位科技界代表之一；2014 年吴恩达加入百度被任命为百度首席科学家，负责百度大脑计划；在 2017 年，吴恩达离开百度后在 Coursera 上公布了 DeepLearning.ai 深度学习系列课程，同时他也是在线教育平台 Coursera 的联合创始人之一。

其 CUDA 平台一飞冲天，后续凭借自己领先的 GPU 技术迅速在自动驾驶、数据中心、视觉计算、边缘计算等领域攻城略地，成为人工智能领域最炙手可热的明星企业。

2013 年：

深度学习算法在语音和视觉识别率上获得突破性进展。

2014 年：

（1）微软亚洲研究院发布人工智能聊天机器人小冰和语音助手 Cortana，小冰可以在微博、微信等平台上为用户提供天气、交通、星座等信息搜索服务；而 Cortana 被用于 Windows 设备上，它会根据用户行为和使用习惯给出不同的响应。

（2）百度发布了 Deep Speech 语音识别系统，它可以在饭店等嘈杂环境下实现将近 81% 的辨识准确率，高于 Google、Bing 等竞争对手。

（3）斯坦福大学人工智能实验室主任李飞飞主导的科学家团队开发了一个机器视觉算法，该算法能够通过对图像进行分析，然后用语言对图像中的信息进行描述，例如两个人在公园里玩飞盘等。

（4）微软 CEO 萨提亚 • 纳德拉（Satya Nadella）在首届 Code 大会中介绍了全新 Skype 语音翻译工具，该工具能够对完整对话实现语音到语音的实时翻译。

（5）亚马逊发布了个人语音智能助理 Alexa，并用于刚发售的蓝牙音箱 Echo 上。

2015 年：

（1）Facebook 发布了一款基于文本的人工智能助理 M，M 可以在 Facebook Messenger 上为用户提供餐厅订位、选生日礼物、挑选周末假期等服务。

（2）Google 发布了开源深度学习系统 TensorFlow 0.1 版本。

（3）新发布的第三代微软小冰被定义为 17 岁的高中女生，拥有了全新的人工智能感官系统和微软多项人工智能图像与语音识别技术。根据微软公布的统计数字显示，人类用户与小冰的平均每次对话轮数达到 18 轮，而当前同类机器人的平均对话轮数仅有 1.5 ～ 2 轮。

（4）百度发布了新一代深度学习语音识别系统 Deep Speech 2，汉语识别准确率高达 97%，被《麻省理工科技评论》入选为 2016 年“全球十大突破性技术”。

（5）Google 发布了深度学习高级 API——Keras，它能够在 TensorFlow、Theano 等多个深度学习框架上运行，其易用性和语法简洁性大大降低了深度学习的学习成本。从发布至今，有数以百计的开发人员对 Keras 的开源代码做了完善和拓展，数以千计的热心用户在社区对 Keras 的发展做出了贡献，Keras 深受开发者的欢迎。

2016 年：

（1）Google AlphaGo 以比分 4∶1 战胜围棋九段棋手李世石。

（2）Google 发布了第一代专门为深度学习框架 TensorFlow 设计的 AI 专用芯片 TPU，它的处理速度要比 CPU 和 GPU 快 15 ～ 30 倍[①]，而在能效上，TPU 更是提升了 30 ～ 80 倍。

（3）Google 发布了 AI 语音助手 Google Assistant，它被运用在 Pixel 手机、Google Home 智能音箱和聊天应用 Allo 上。

（4）在 2016 年微软开发者峰会上，微软发布了微软认知服务，包括了视觉、语音、语言、知识和搜索五个方面，协助第三方开发者用简单的代码实现自己的智能应用。

（5）微软发布了第四代微软小冰，她整合了全新的情感计算框架和实时流媒体感官，可以做到通过文本、图像、视频和语音与人类展开交流，平均对话轮数上升至 25 轮。同时，小冰积累的大数据促使小冰在人工智能虚拟歌手领域取得了重大突破，微软宣布小冰正式进入虚拟歌手市场。

（6）聊天机器人（Chatbots）概念开始在欧美地区流行。

（7）Google 旗下的 DeepMind 发布了最新的原始音频波形深度生成模型 WaveNet，它能够通过深度神经网络为任何音频进行建模，生成的语音非常自然。

（8）Google、Facebook、IBM、亚马逊和微软共同宣布成立一家非营利机构——Partnership on AI，其成立的目的是汇集全球不同的声音，以保障 AI 在未来能够安全、透明、合理地发展，让世界更好地理解人工智能的影响。随着机构的发展，苹果、英特尔、

① 和第一代 TPU 对比的是英特尔 Haswell CPU 以及英伟达 Tesla K80 GPU。

索尼、百度等 AI 领头企业陆续加入其中。

2017 年：

（1）Google 正式发布了开源深度学习系统 TensorFlow 1.0 和面向移动设备的 TensorFlow Lite 预览版，极大降低了人工智能应用的开发成本。

（2）Google AlphaGo Master 在围棋网络对战平台以 60 连胜击败世界各地高手，并以比分 3∶0 完胜世界第一围棋九段棋手柯洁。随后的新版本 Google AlphaGo Zero 不借助人类玩家的棋谱，完全忽略几千年以来人类积累的围棋智慧，通过自我对弈方式进行自我学习。三天内 AlphaGo Zero 自我对弈 490 万局并以 100∶0 的战绩战胜了 AlphaGo，花了 21 天达到 AlphaGo Master 的水平，用 40 天超越了所有旧版本。在 2017 年底，DeepMind 又发布了 AlphaGo 的后续版本——AlphaZero，它比之前的 AlphaGo Zero 更为强大的地方在于它能适用于各种棋类上。AlphaZero 从零开始训练，4 小时就打败了国际象棋的最强程序 Stockfish；2 小时就打败了日本将棋的最强程序 Elmo；8 小时就打败了与李世石对战的 AlphaGo v18。

（3）Google 在开发者大会上发布了 AutoML、ARCore SDK 和 Google Lens。Google Lens 可以根据图片或拍照识别出文本和物体，实时分析图像并迅速共享信息，这意味着计算机“识别万物”的愿景即将到来。Google Assistant 在语音、文字和图像三大方面都有多项更新，并投入使用到计算机、手表、电视、车载系统等安卓设备上。

（4）Google 发布了第二代专用 AI 芯片 TPU。除了速度有所提升，相比只能做推理的初代 TPU，TPU 2.0 既可以用于训练神经网络，又可以用于推理。

（5）卡耐基梅隆大学开发的人工智能系统 Libratus 战胜 4 位德州扑克顶级选手，并获得了最终胜利，这意味着计算机在“非完整信息博弈”上超越了人类。

（6）百度在 AI 开发者大会上正式发布语音系统 Dueros 和无人自动驾驶平台 Apollo 1.0。

（7）华为发布全球第一款 AI 移动芯片麒麟 970，集成了中国 AI 芯片公司寒武纪提供的 NPU 寒武纪 A1，在人工智能应用上达到了四核 CPU 25 倍以上的性能和 50 倍以上的能效。

（8）默默深耕机器学习和机器视觉的苹果在 WWDC 2017 上发布 Core ML、ARKit 等组件。随后发布的 iPhone X 配备前置 3D 感应摄像头（TrueDepth），脸部识别点达到 3 万个，具备人脸识别、解锁和支付等功能；配备的 A11 Bionic 神经引擎每秒可达到运算 6000 亿次。

（9）AR 领域最神秘最受关注的创业公司 Magic Leap 发布了消费级 AR 眼镜 Magic Leap One。

（10）中国发布了世界第一款量子计算机。量子计算机可以突破传统计算机的多项瓶颈，提供更快的运算速度，这意味着我们的生活方式和商业模式即将有翻天覆地的变化。

（11）第五代微软小冰拥有了高级感官系统，包括全新的全双工语音交互感官（Full-duplex Voice Sense）[①]，同时微软小冰正式进入 IoT 领域，开始与多家设备厂商进行深度合作。

（12）计算机视觉乃至整个人工智能发展史上的里程碑——ImageNet 大规模视觉识别挑战赛于 2017 年正式结束，图像识别错误率降低至 2.25%，远远低于人类的 5.1%。如今的 ImageNet 已经拥有了 1500 万张标注图像和超过 2.2 万个类别，很多人认为 ILSVRC 是如今席卷全球 AI 浪潮的催化剂。

2018 年（事件更新至 2018 年 10 月）：

（1）芯片制造商高通发布了人工智能引擎 AI Engine，并与百度、商汤科技等多家 AI 公司进行深度合作。这次发布意味着全球三大移动芯片提供商高通、华为和苹果全部入局人工智能领域，人工智能应用将会迎来新的浪潮。

（2）Google TPU 云服务以每小时 6.5 美元的价格正式对外开放，这意味着普通开发者也可以使用“谷歌级别”的人工智能计算能力。

（3）与人工智能相关的四项技术包括感知城市、面向所有人的人工智能、对抗神经网络和巴别鱼耳塞（实时翻译耳机）被《麻省理工科技评论》入选 2018 年“全球十大突破性技术”。

（4）IBM、Intel 和 Google 相继发布量子计算机。Google 的

① 微软对全双工语音交互感官技术的解释为：与现有的单轮或多轮连续语音识别效果不同，全双工语音交互感官技术可实时预测人类即将说出的内容，实时生成回应并控制对话节奏，能理解对话场景在诉说者 / 倾听者之间实现角色转变，还可以识别说话人的性别、有几个人在说话。

通用量子计算机 Bristlecone 拥有 72 个量子比特，实现了 1% 的低错误率并有机会实现量子霸权①。

（5）中国 AI 芯片公司寒武纪发布了第三款 NPU“寒武纪 1M”，可以满足不同场景、不同量级的 AI 处理需求，可广泛应用于智能手机、智能音箱、智能摄像头和智能驾驶等不同领域中。“寒武纪 1M”将被华为麒麟 980 搭载。

（6）Google 在开发者大会上发布了第三代 TPU，性能比第二代提高了 8 倍。Google Assistant 新增加了 Google Duplex 技术，除了可以理解更复杂的句子外，还能以更自然的人声以及更接地气的对话方式与人类互动。

（7）苹果在 WWDC 2018 上发布了 Core ML 2.0 和 ARKit 2.0。Core ML 2.0 比第一代速度快了 30%；ARKit 2.0 增加了增强人脸追踪、真实感图形绘制、多用户 AR 互动等新功能。

（8）百度在 AI 开发者大会上正式发布云端全功能 AI 芯片“昆仑”、百度大脑 3.0、语音系统 DuerOS 3.0、无人自动驾驶平台 Apollo 3.0。

（9）微软人工智能小冰迎来了史上最大幅度的一次年度升级，正式进化为第六代小冰。全新的小冰具备可交互的 3D 形象，已经从一个领先的人工智能对话机器人，发展成为以情感计算为核心的完整人工智能框架。小冰的产品形态涉及对话机器人、语音助手、内容创造提供者和一系列垂直领域解决方案。微软首次披

① 量子霸权：量子计算机执行某个任务的能力将超越最好的超级电子计算机。

露了小冰在全球已拥有 6.6 亿用户，占据了全球对话式人工智能总流量中的绝大部分。

第六代微软小冰 3D 形象

（10）Google 在谷歌云年度大会宣布推出 Cloud AutoML Natural Language 与 Cloud AutoML Translation 两大工具，加上此前已推出的 Cloud AutoML Vision，AutoML 可以帮助各行业缺少 AI 经验的企业和开发者建立属于自己的图像识别、自然语言处理和机器翻译模型。

（11）Google 在谷歌云年度大会第二天宣布推出用于边缘计算的 Edge TPU 和 Edge ML。Edge TPU 可以以超低功率的方式进行机器学习推理；Edge ML 是 TensorFlow Lite ML 工具的精简版，在本地运行预先训练好的 Edge ML 模型，可以显著提高边缘设备的处理能力和多功能性。后续有更多的智能硬件拥有 AI 的能力。

（12）苹果新发布的 iPhone XS 配备了业界首款 7nm 也是 iPhone 迄今最智能、最强大的芯片 A12 Bionic。相比每秒可以处理 6 千亿次操作的 A11 Bionic，新版本芯片每秒可以处理 5 万亿次操作。

（13）IBM 在旧金山举办了一场人机辩论大战，IBM 最新人工智能产品 Project Debater 与两位经验丰富的辩手 Noa Ovadia 和 Dan Zafrir 进行较量。Project Debater 在两场由观众投票的辩论中赢得了其中一场，辩题为“是否应该增加使用远程医疗”。最重要的是，这是第一个展示出辩论能力的人工智能系统。

（14）Google 发布了面向 JavaScript 开发者的全新机器学习框架 TensorFlow.js，开发者可以在浏览器上开发以及运行机器学习模型。

（15）Facebook 在 F8 开发者大会上发布了深度学习框架 PyTorch 1.0，它深度整合了业界最流行的深度学习框架 Caffe2（Facebook 的另外一款深度学习框架），其中一个名为 fastai 的开源库可以大量减少深度学习的学习成本和工作量，深受开发者的欢迎。

（16）Google 旗下的 Waymo 开始无人车的士服务的商业化运营。

1.2　人机交互的发展历程

人工智能和人机交互的发展可以说是密不可分，相辅相成；但可能大家都很难想到的是，在 60 年前，人工智能和人机交互基本就是两大阵营，水火不容，我们来看看是怎么回事。

1.2.1　人工智能与智能增强

20 世纪 50 年代，两位先后获得了图灵奖的学者在麻省理工学院见面，他们分别是马文•明斯基（Marvin Minsky）和格拉斯•恩格尔巴特（Douglas Engelbart）。明斯基曾组织并参与达特茅斯会议，他和约翰•麦卡锡（John McCarthy）一起创立了麻省理工学院人工智能研究室，被后人誉为“人工智能之父”；恩格尔巴特曾发明鼠标被誉为“鼠标之父”，他先后提出的邮件、超文本链接、视窗等概念对人机交互发展有着重大影响。听说他们见面后产生了以下争论：

明斯基：“我们要让机器变得智能，我们要让它们拥有意识。”

恩格尔巴特：“你要为机器做这些事？那你又打算为人类做些什么呢？”

其实两位图灵奖获得者来自计算机发展初期的两大阵营，明斯基代表的是人工智能（Artificial Intelligence，AI）阵营，目标是要创建一个智能机器来取代人类的认知功能和能力；恩格尔巴特代表的是智能增强（Intelligence Augmentation，IA）阵营，目标是要将智能机器用来扩展人类的认知功能和能力。两大阵营的最大矛盾在于设计的智能机器是否要基于“以人为本”，归根到底还是经济和伦理问题：智能机器是否会导致人类失业甚至活不下去。

从历史来看，科技的进步使人类的效率提高，导致部分人失业是一件非常正常的事情，但这次革新的科技将会是一款具备甚至超越人类能力的智能机器，而这个愿景可能会对人类和社会产生巨大的正面以及负面影响，所以引起了两个阵营的热烈争论。

其实 AI 和 IA 两个阵营做的研究都是使计算机更聪明，除了争论是否基于“以人为本”来设计机器外，最主要的矛盾其实是时间问题：机器拥有甚至超越人类的能力几时到来？人工智能阵营的约翰・麦卡锡认为取代人类的技术会在 20 世纪 70 年代实现，但由于技术瓶颈的限制，这个目标过了 50 年仍未实现。

所谓“当局者迷，旁观者清”，麦卡锡和恩格尔巴特的早期资助者约瑟夫・利克莱德（J.C.R.Licklider）认为：智能机器在达到甚至超越人类能力之前，需要处理好与人类的关系；人机交互是智能机器前进过程中的一个过渡阶段。

由于各种技术瓶颈的限制，研究人工智能的历程相当坎坷，AI 阵营大大小小经历了两次寒冬，在某些年代他们基本抬不起头来。而 IA 阵营却不一样，基于恩格尔巴特提出的 CoDIAK（Concurrent

Development，Integration，and Application of Knowledge，对知识进行合作开发、集成和应用）概念框架的进一步延伸和拓展，人机交互技术得以快速发展。可以认为，计算机的几次革命和大规模普及都离不开于人机交互的改变和创新，人工智能也受益于这几次技术的变革。

1.2.2　人机交互发展的主要事件

1960 年，约瑟夫・利克莱德设计了互联网的初期架构——以宽带通信线路连接的计算机网络，目的是实现信息存储、提取以及实现人机交互的功能，这个思想的创新性是继电话网络、电报网络、无线电网络之后，催生了以计算机联机为主的第四网络。同年，利克莱德提出了“人机共生”（Man-Machine Symbiosis）概念，被视为人机界面学的启蒙观点。

1962 年，恩格尔巴特发表了论文《提升人类智能：一个概念性的框架》，呈现了依靠技术管理信息、帮助人们互相合作来解决世界经济和环境问题的蓝图。可以认为，后来人机交互阵营实现的各种技术例如视窗、鼠标、互联网，再到语音交互，基本停留在恩格尔巴特这个理论框架中。

1963 年，计算机图形学之父伊凡・苏泽兰（Ivan Sutherland）在麻省理工的博士论文项目“画板”（Sketchpad）帮助图形、交互式计算向前大步迈进。

1964 年，恩格尔巴特发明的鼠标极好地解决了人们在图形化计算机界面操纵屏幕元素的问题，为互动式计算奠定了基础，因此被 IEEE 列为计算机诞生 50 年来最重大的事件之一。

1965 年，伊凡 • 苏泽兰提出了虚拟现实这个想法，被后人称为“VR 之父”。三年后，他与鲍勃 • 斯普劳尔（Bob Sproull）合作开发了一台名为“达摩克利斯之剑”（Sword of Damocles）的原型机，这是世界上的第一款 VR/AR HMD（head-mounted display）系统。虽然过重的达摩克利斯之剑只能镶嵌在天花板上，但 VR/AR 设备开始出现实物的雏形。

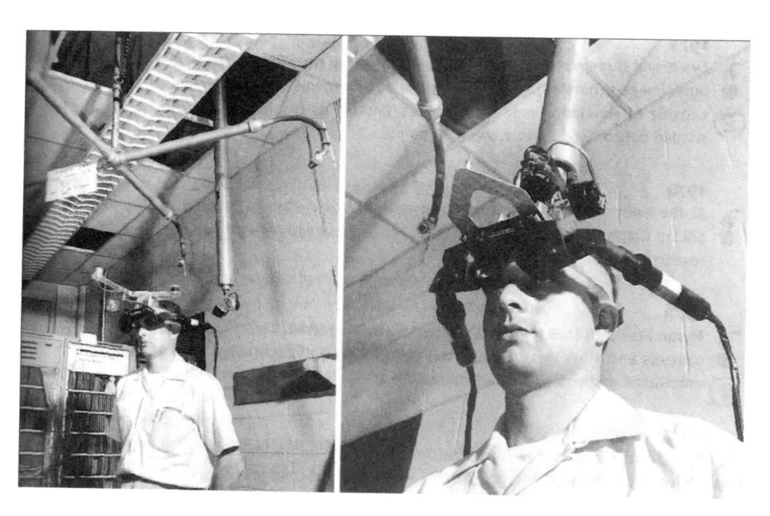

达摩克利斯之剑原型机

1968 年，恩格尔巴特开发了世界上第一个标准化的编辑器

NIB，并向 1000 多名全世界最顶尖的计算机精英进行展示，这次的展示包括了鼠标、多媒体和视频远程会议，展示效果轰动了全场。此外，恩格尔巴特还提出了超文本链接、电子邮件、电子出版、多窗口计算机显示器等概念，他的实验室为美国政府开发出 ARPANet 网络（即互联网的前身），硕果累累的他被誉为“计算机用户界面设计方案中提出最佳思路之人”。为了表彰恩格尔巴特在人机交互领域的开拓式贡献，恩格尔巴特在 1997 年获得了“计算机界的诺贝尔奖”——图灵奖。

1969 年，在英国剑桥大学召开了第一次人机系统国际大会，同年第一份专业杂志《国际人机研究》（IJMMS）创刊。可以说，1969 年是人机界面学发展史的里程碑。

1970 年，相关学者成立了两个人机交互研究中心：一个是英国的 Loughborough 大学的 HUSAT 研究中心，另一个是美国施乐公司的 Palo Alto 研究中心（PARC）。

1973 年，美国电报电话公司（AT&T）发明了一个新概念，名叫“蜂窝网络”（Cellular Network），它通过无线通道将终端和网络设备连接起来。同年，摩托罗拉实验室的领导者马丁·库帕（Martin Cooper）率先研发出推向民用的移动电话，被后人称为“移动电话之父”。手机的诞生意味着用户可以随时随地与朋友通信，为后续移动互联网埋下伏笔。

1973 年，施乐 PARC 研究中心推出了世界上第一款拥有图形界面的 Alto 计算机，从此开启了计算机图形界面的新纪元，人机交互正式进入GUI（Graphical User Interface，图形用户界面）时代。

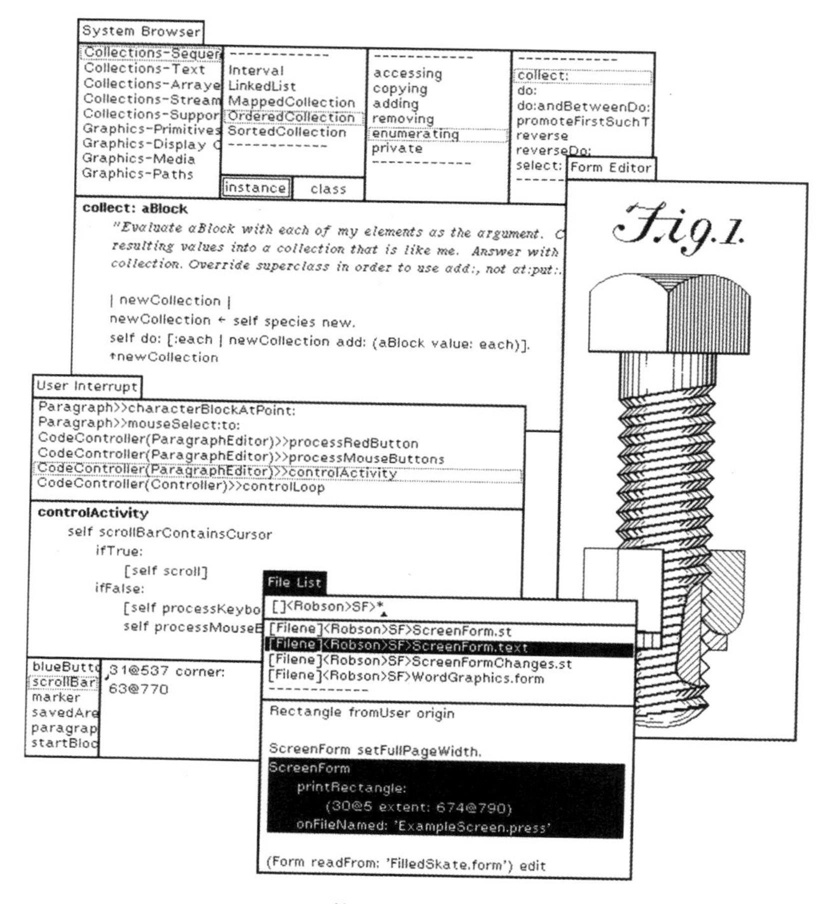

第一代图形界面

1983 年，美国宇航局 NASA 开发了一款用于火星探测的虚拟环境视觉显示器 VIVED VR，其作用是训练增强宇航员的临场感，使其在太空能够更好地工作。相比起“达摩克利斯之剑”，VR 设备体积逐渐减小并能四处移动。

用于火星探测的虚拟环境视觉显示器 VIVED VR

1990 年，VR 先行者杰伦·拉尼尔（Jaron Lanier）创办了 VR 公司 VPL Research，面向民用市场推出了一系列 VR 设备，包括了 VR 手套 Data Glove、VR 头显 Eye Phone、环绕音响系统 AudioSphere、3D 引擎 Issac、VR 操作系统 Body Electric 等。尽管技术不成熟、硬件成本高等一系列原因导致 VR 产品得不到市场的认可，但为未来的 VR 发展奠定了良好的理论基础。

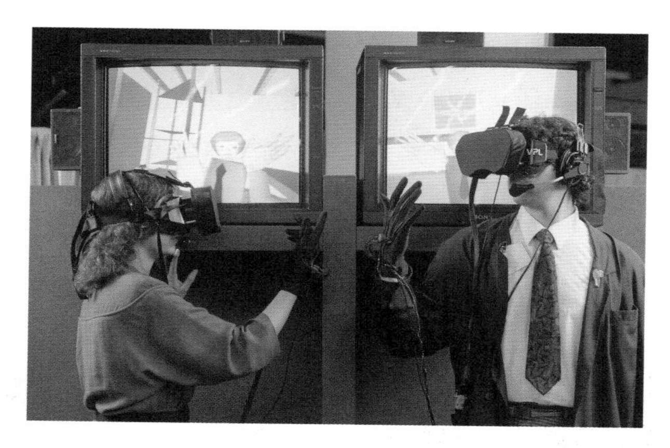

Eye Phone 和 Data Glove

1980—1995 年，苹果、IBM、微软等大公司相继推出自己的图形界面系统，最终微软推出的 Windows 95 赢得了大部分市场份额，微软从此走上帝国之路。

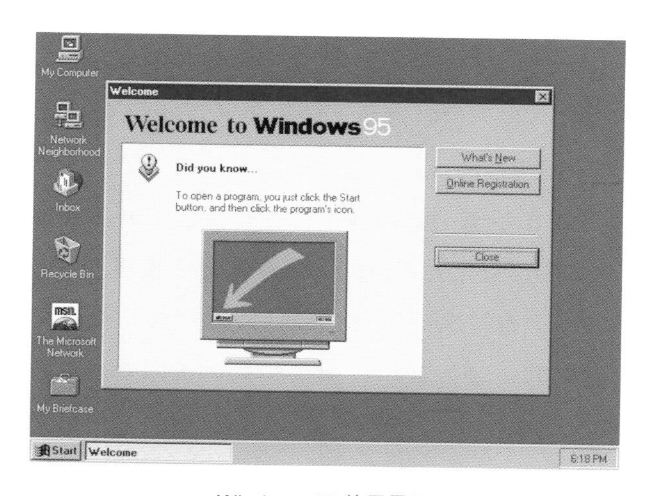

Windows 95 使用界面

1992年，李开复博士在媒体上演示了一个名叫Casper的语音助理，这个语音助理实现了用语音直接输入文字，更改字号、字体，变换艺术字样式，打开/退出计算机程序，操作程序等功能。

1993年，苹果推出掌上计算机（PDA，个人数位助理）Apple Newton Messagepad，它能给用户带来触控屏、红外线、手写输入等一些颇具未来主义风格的人机交互功能。苹果前CEO约翰·斯考利（John Sculley）希望未来计算机也能够放到口袋，融入大世界中。同年，IBM公司在推出了Simon手机，它结合了手机和PDA的功能特点，并且首次内置了一块触摸屏，尽管早期触摸屏的触感实在是很差。

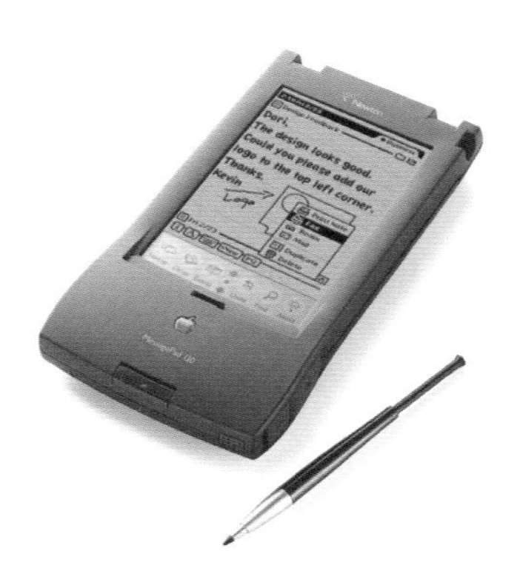

Apple Newton Messagepad

1997年，飞利浦公司推出数字化智能手机，能够无线接入电子邮件、互联网和传真。这意味着用户可以在户外随时随地接收网络信息，为移动互联网埋下伏笔。

1997 年飞利浦推出的智能手机

1997 年，哥伦比亚大学的斯蒂文 • 费恩纳（Steven Feiner）发布了世界第一个室外移动增强现实系统 Touring Machine。这套系统包括一个带有完整方向追踪器的透视头戴式显示器；一个捆绑了计算机、DGPS 和用于无线网络访问的数字无线电的背包；一台配有光笔和触控界面的手持式计算机。这意味着计算机从室内走向室外并实时获取真实空间信息。

The Touring Machine System

1999 年，世界第一款 AR 开源工具 ARToolKit 问世了。这个开源工具由奈良先端科学技术学院（Nara Institute of Science and Technology）的加藤弘（Hirokazu Kato）开发，可以识别和追踪一个黑白的标记（Marker），并在黑白标记上显示 3D 图像。ARToolKit 的出现使得 AR 技术不仅仅局限在专业的研究机构之中，许多普通程序员也都可以利用 ARToolKit 开发自己的 AR 应用。这意味着人机交互开始从二维界面转向三维空间。

ARToolKit 和黑白标记

2000 年，交互式语音应答（Interactive Voice Response，IVR）诞生，电话用户只要拨打移动运营商所指定号码，就可根据语音操作提示收听、点播或发送语音信息，以及使用聊天交友等互动式服务。一些银行、信用卡中心等商业机构也会通过 IVR 技术为电话用户提供自动化电话查询服务，例如户口余额查询、转账、更改密码。

2002 年，手机和 WAP 技术逐渐成熟，更多的功能手机开始配备网页浏览器、电子邮件、摄像头和视频游戏等功能。当时最出名的 Symbian 操作系统被广泛应用在不同的功能手机上，为移动互联网奠定了良好基础。

Danger Hiptop

2004 年，Web 2.0 成为主流并提出了“应用软件构建在互联网”这个概念。Facebook、Youtube 等社交、视频网站的相继推出，人们使用互联网的时间逐渐增多，人机交互正式进入互联网时代。这次变革意味着用户大部分数据都沉淀到每个大公司数据平台上，为人工智能发展奠定了基础。

2006 年，日本游戏公司任天堂推出了新世代游戏机 Wii，它比起其他游戏主机多了一个最具有创新性的硬件设备——Wii 游戏手柄，它通过运动传感器简单识别玩家的手臂动作，大大提高了游戏的可玩性和互动性。

2007 年，苹果公司首席执行官史蒂夫·乔布斯（Steve Jobs）在旧金山发布了 iPhone 和 iOS。

2008 年，Google 发布了开源移动操作平台 Android。iPhone 和 Android 的多点触控和传感器概念彻底改变了手机的人机交互方式，逐渐完善的用户体验和不断增加的新功能使人们使用手机的时间越来越长。这次变革使人类每天产生的数据发生了爆炸性增长，人工智能即将回到人们的视野。

2009 年，微软针对游戏主机 Xbox 360 推出了体感周边外设 Kinect，它是一款 3D 体感摄影机，拥有即时动态捕捉、影像辨识、麦克风输入、语音辨识、社群互动等功能。玩家可以通过 Kinect 在游戏中跳舞或者运动，以及通过互联网和其他玩家进行语音互动。这意味着人类可以在三维空间里通过动作、手势和语音等方式与计算机进行交互。

2011 年，苹果发布了语音助手 Siri，随后几年里 Google、亚马逊和百度相继发布了 Google Assistant、Alexa 和 DuerOS，语音交互时代已经来临。语音交互依赖于人工智能旗下的自然语言处理技术，这说明了新的人机交互变化也依赖于人工智能技术的成熟。

2012 年，Google 革命性产品 Google Glass 开始测试，它意味着增强现实和脱离双手操作的人机交互时代即将到来。可惜的是，Google Glass 上市后在检验市场需求的同时也由于自身的诸多不足而遭遇了失败（2017 年 Google Glass 项目重新启动并专注于企业行业应用）。

2013 年：

（1）体感控制器制造公司 Leap 发布了体感控制器 Leap Motion，它可以以超过每秒 200 帧的速度追踪全部 10 只手指，精度高达 0.01 毫米。这意味着人通过手势识别与计算机进行交互的精确度上升到一个新的高度。

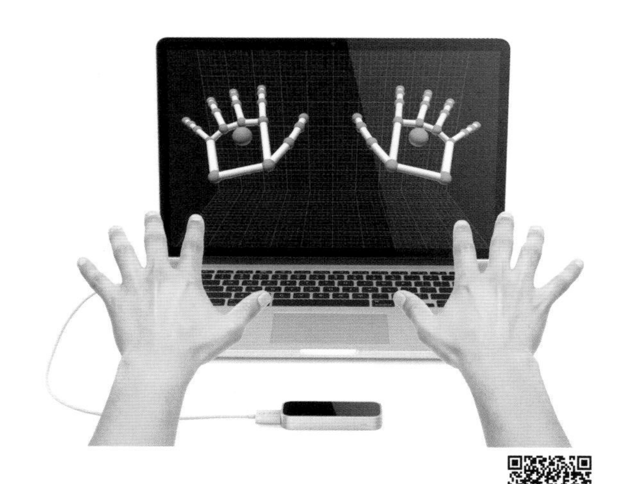

Leap Motion

（2）加拿大创业公司 Thalmic Labs 推出了手势控制臂环 MYO 腕带。与其他通过相机技术追踪用户手势不一样的是，MYO 是通过探测用户肌肉产生的电活动来感知用户的动作，官方声称 MYO 腕带对手势的捕捉速度非常快，有时候你甚至会觉得自己的手还没开始动 MYO 就已经感受到了。相比 Kinect 和 Leap Motion，MYO 的优势在于不受具体场地的限制，可以更自然、更直观地控制数字世界。随着成本的降低，通过电活动判断用户意图这项技术将会对下一轮人机交互变革带来巨大的影响。

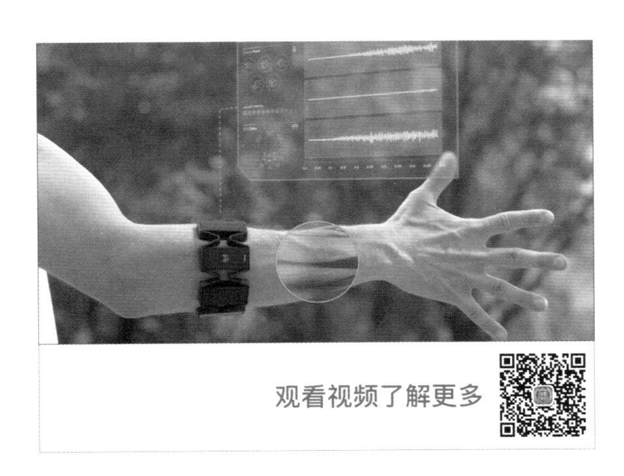

MYO 腕带

2014 年：

（1）虚拟现实设备厂商 Oculus 被互联网巨头 Facebook 以 20 亿美元收购，随后三年索尼、谷歌、Facebook 和 HTC 相继推出自己的虚拟现实设备 PSVR、Daydream、Oculus Rift 和 Vive，特别一提的是 Oculus 的手柄 Oculus Touch 能够感知使用者的手指动作并在游戏中实现手势操作。沉寂了那么多年的虚拟现实终于迎来了爆发。

（2）中国公司柔宇科技发布了全球第一款国际业界最薄、厚度仅 0.01 毫米的全彩柔性显示屏，这项新的技术在未来会对具有屏幕设备的人机交互产生巨大影响。

柔宇全彩柔性显示屏

2015 年，日本游戏公司任天堂推出了现象级 AR 手游 *Pokémon GO*，微软发布了 MR（Mix Reality，混合现实）眼镜 Hololens，AR 重新回到人们视野。

2016 年：

（1）360° 全景拍摄消费级相机开始涌入大众的视野，人们又多了一种记录美好瞬间的方式。除了以现有的图片、文字和小视频进行交互外，你还可以通过 360° 全景图片和视频等方式进行沟通和表达，更真实地还原事件和场景。这意味着 VR 和 AR 数据的积累速度会不断飙升。

（2）Google、索尼、Oculus、三星以及 HTC 等联合成立了全球虚拟现实协会（Global Virtual Reality Association，GVRA），目的是统一未来的 VR 行业规范，为虚拟现实软硬件开发和拓展打造一个健康、公平的行业环境。

2017 年：

（1）日本索尼公司发布了智能触控投影仪 SONY Xperia Touch，它可以在水平或垂直的表面上投射一个虚拟的屏幕并检测用户的触控手势命令。这意味着任意载体都有可能成为计算机的屏幕，与物联网整合说不定会发生不一样的化学反应。

SONY Xperia Touch

（2）2017 年成为 AR 爆发的一年，苹果和 Google 相继推出 ARKit 和 ARCore，AR 领域最神秘、最受关注的创业公司 Magic Leap 发布了消费级 AR 眼镜 Magic Leap One。从现有整理的资料来看，Magic Leap One 将会是增强现实领域最重磅也是最具备革新的产品之一。深耕图像识别多年的 Google 发布了人工智能应用 Google Lens，它能够实时识别用智能手机相机所拍摄的物品并提供与之相关的内容，这意味着 AR 中最重要的基础“识别万物”技术趋于成熟，以及基于现实空间的人机交互技术趋于成熟。

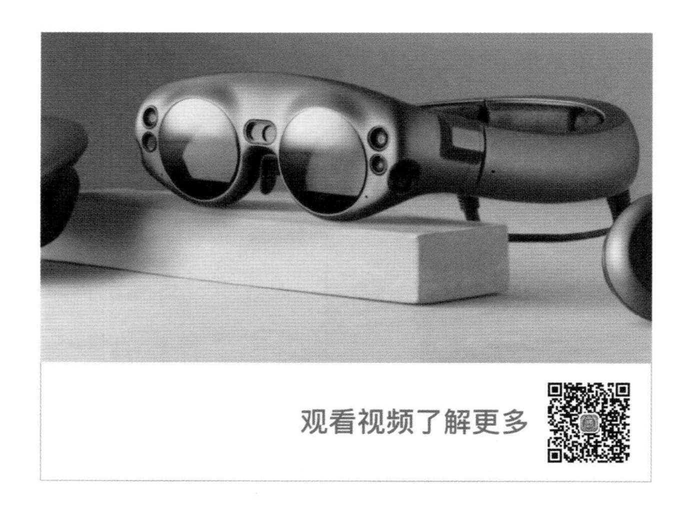

Magic Leap One

2018 年：

（1）在 Oculus Connect 5 大会上，Facebook 的 CEO 马克·扎克伯格（Mark Zuckerberg）发布了无线 VR 独立一体机 Oculus

Quest。这款独立 VR 设备将是第一款为头显设备和双手柄提供运动位置追踪的无线 Oculus 设备，其采用新的 Oculus Insight 技术可以在不放置任何传感器的情况下，准确获取用户及其周围环境的位置。

（2）柔宇科技发布了全球首款可折叠柔性屏手机 FlexPai。用户可以通过自由折叠的方式，将屏幕在 4.0 英寸和 7.8 英寸自由切换，既能方便携带，又能满足办公、影音娱乐等场景下大屏操作的需求，解决了“怎样在满足大屏的同时还能控制产品的体积”这个问题。同时，由于柔性屏可以在空间 *z* 轴上发生变化，意味着未来屏幕的人机交互和信息传递可以在空间的 *z* 轴上进行，遐想空间非常巨大。

可折叠柔性屏手机 FlexPai

可以从以上人机交互的发展历程了解到，在计算机发展前中期，人机交互的改变使用户产生数据的速度不断加快，这直接影响到人工智能的发展；到了 2013 年深度学习算法在语音和图像识别方面获得突破性进展后，人工智能开始反哺人机交互的发展，这说明人工智能和以人机交互为代表的智能增强的关系是密不可分的。现在已经很少有人谈及以往人工智能和智能增强的区别，“人工智能”这个名词逐渐成为主流。

很多专家学者对第三次人工智能浪潮给予了肯定，认为这次人工智能浪潮能引起第四次工业革命。人工智能逐渐开始在保险、金融等领域渗透，在未来，从健康医疗、交通出行、销售消费、金融服务、媒介娱乐、生产制造，到能源、石油、农业、政府等所有垂直产业都将因人工智能技术的发展而受益。

那么，这次人工智能再次爆发的原因是什么？

1.3 人工智能再次爆发的原因

2000 年以来，得益于互联网、社交媒体、移动设备和传感器的普及，全球产生及存储的数据量急速剧增。根据 IDC 报告显示，在过去几年，全球的数据量以每年 58% 的速度增长，在未来这个速度将会更快，2020 年全球数据总量预计将超过 40ZB（相当于 4 万亿 GB），这一数据量是 2011 年的 22 倍。与之前相比，现阶段数据包含的信息量越来越大、维度也越来越多，从简单的文本、图像、声音等富媒体数据，逐渐过渡到动作、姿态、轨迹等人类行为数据，再到地理位置、天气、社会群体行为等环境数据。这些规模更大、类型更丰富的数据直接提升了人工智能的算法模型效果。

而在另一方面，运算力的提升也起到了明显效果。CPU 虽然擅长处理和控制复杂流程，但不适合用在计算量巨大的机器学习上。研究人员为此研究出擅长并行计算的 GPU，以及拥有良好的运行能效比、更适合深度学习模型的 FPGA 和 ASIC；Google 的 TPU、百度的昆仑等 AI 芯片的出现显著提高了数据的处理速度，尤其是在处理海量数据时明显优于传统芯片，同时芯片的功耗比也越来越高。

最后，2006 年杰弗里・辛顿（Geoffrey Hinton）提出的深度学习算法为后续各种人工智能算法模型奠定了良好基础。同时，Google、微软、Facebook 和百度等公司不断将研究成果转换成简单易学的工程并开源给全球开发者，让每位开发者都能参与到这次 AI 浪潮当中，加快整个人工智能前进的步伐。总的来说，这次人工智能浪潮的涨起，数据、运算力和算法模型的爆发增长功不可没，尤其是数据的规模和丰富度，它对人工智能算法的训练尤其重要。

1.4 现在说的人工智能是什么?

究竟我们现在讲的人工智能是什么？在 20 世纪 60 年代，AI 研究人员认为人工智能是一台通用机器人，它拥有模仿智能的特征，懂得使用语言，懂得形成抽象概念，能够对自己的行为进行推理，可以解决人类现存问题。由于理念、技术和数据的限制，人工智能在模式识别、信息表示、问题解决和自然语言处理等不同领域发展缓慢。

20 世纪 80 年代，AI 研究人员转移方向，认为人工智能对事物的推理能力比抽象能力更重要，机器为了获得真正的智能，必须具有躯体，它需要感知、移动、生存，与这个世界交互。为了积累更多推理能力，AI 研究人员开发出专家系统，它能够依据一组从专门知识中推演出的逻辑规则在某一特定领域回答或解决问题。

1997 年，IBM 的超级计算机“深蓝”在国际象棋领域完胜整个人类代表卡斯帕罗夫；相隔 20 年，Google 的 AlphaGo 在围棋领域完胜整个人类代表柯洁。划时代的事件使大部分 AI 研究人员确信人工智能的时代已经降临。

可能大家觉得国际象棋和围棋好像没什么区别，其实两者的难度不在同一个级别。国际象棋走法的可能性虽多，但棋盘的大小和每颗棋子的规则大大限制了赢的可能性。深蓝可以通过蛮力看到所有的可能性，而且只需要一台计算机基本上就可以搞定。相比国际象棋，围棋很不一样。围棋布局走法的可能性可能要比宇宙中的原子数量还多，几十台计算机的计算能力都搞不定，所以机器下围棋想赢非常困难，包括围棋专家和人工智能领域的专家们也纷纷断言：计算机要在围棋领域战胜人类棋手，还要再等 100 年。结果机器真的做到了，并据说 AlphaGo 拥有围棋二十段的实力（目前围棋棋手最高是 9 段）。

那么深蓝和 AlphaGo 在本质上有什么区别？简单点说，深蓝的代码是研究人员编程的，知识和经验也是研究人员传授的，所以可以认为与卡斯帕罗夫对战的深蓝的背后还是人类，只不过它的运算能力比人类更强，更少失误。而 AlphaGo 的代码是自我更新的，知识和经验是自我训练出来的。与深蓝不一样的是，AlphaGo 拥有两颗大脑，一颗负责预测落子的最佳概率，一颗做整体的局面判断，通过两颗大脑的协同工作，它能够判断出未来几十步的胜率大小。所以与柯洁对战的 AlphaGo 背后，是通过十几万次海量训练后拥有自主学习能力的人工智能系统。

这时候社会上出现了不同的声音：“人工智能会思考并解决所有问题”“人工智能会抢走人类的大部分工作”“人工智能会取代人类”……已来临的人工智能究竟是什么？

人工智能目前有两个定义，分别为强人工智能和弱人工智能。

普通群众所遐想的人工智能属于强人工智能，它属于通用型机器人，也就是 20 世纪 60 年代 AI 研究人员提出的理念。它能够和人类一样对世界进行感知和交互，通过自我学习的方式对所有领域进行记忆、推理和解决问题。这样的强人工智能需要具备以下能力（借鉴李开复老师所著的《人工智能》一书）：

（1）存在不确定因素时进行推理、使用策略、解决问题、制定决策的能力。

（2）知识表示的能力，包括常识性知识的表示能力。

（3）规划能力。

（4）学习能力。

（5）使用自然语言进行交流沟通的能力。

（6）将上述能力整合起来实现既定目标的能力。

这些能力在常人看来都很简单，因为自己都具备着；但由于技术的限制，计算机很难具备以上能力，这也是为什么现阶段人工智能很难达到常人思考的水平。

由于技术未成熟，现阶段的人工智能属于弱人工智能，还达不到大众所遐想的强人工智能。弱人工智能也称“限制领域人工智能”或“应用型人工智能”，指的是专注于且只能解决特定领域问题的人工智能，例如 AlphaGo，它自身的数学模型只能解决围棋领域的问题，可以说它是一个非常狭小领域内的专家系统，而它很难扩展到稍微宽广一些的知识领域，例如如何通过一盘棋表达出自己的性格和灵魂。

弱人工智能和强人工智能在能力上存在着巨大鸿沟，弱人工智能想要进一步发展，必须拥有以下能力（借鉴李开复老师所著的《人工智能》一书）：

（1）拥有跨领域推理能力。

（2）拥有抽象能力。

（3）“知其然，也知其所以然”。

（4）拥有常识。

（5）拥有审美能力。

（6）拥有自我意识和情感。

从计算机领域来说，人工智能是用来处理不确定性以及管理决策中的不确定性，即通过一些不确定的数据输入来进行一些具有不确定性的决策。从目前的技术实现来说，人工智能就是深度学习，它是 2006 年由杰弗里 • 辛顿（Geoffrey Hinton）所提出的机器学习算法，该算法可以使程序拥有自我学习和演变的能力。

1.5 机器学习和深度学习是什么?

机器学习（Machine Learning）是一门涉及统计学、神经网络、优化理论、计算机科学、脑科学等多个领域的交叉学科，它主要研究计算机如何模拟或者实现人类的学习行为，以便获取新的知识或技能。简单点说，机器学习就是通过一个数学模型将大量数据中有用的数据和关系挖掘出来，基于数据的机器学习是当前人工智能的重要方法之一。基于学习模式、学习方法以及算法的不同，目前机器学习模式分为以下四种方法：

（1）监督学习，它与数学中的函数有关，也是现在机器学习里最常用的方法。监督学习需要研究者不断地标注数据从而提高模型的准确性，通过挖掘标注数据之间的关系最后给出结果。例如给一篮水果中不同的水果都贴上了颜色、形状、名称等标签，这时候机器会通过学习发现红色、圆形对应的是苹果，黄色、条形对应的是香蕉，当有一个新水果时，机器会根据学习的结果知道它是苹果还是香蕉。监督学习的典型应用场景多为信息检索、个性化推荐、预测、垃圾邮件侦测等。

（2）非监督学习，它与现实中的描述有关。非监督学习与需要标签的监督学习相互对立，它可以在没有提供额外信息的情况下，从原始数据中自动提取出数据的模式和结构，从而不断优化自身模型最后给出结果。例如给定一篮水果，要求机器自动将其中的同类水果归在一起。机器首先会对篮子里的每个水果用多个向量来表示，通过不断的自我学习发现水果有颜色、味道和形状三个关键向量，然后机器会将相似向量的水果归为一类，例如红色、甜的、圆形的被划在了一类，黄色、甜的、条形的被划在了另一类，最后会发现第一类的都是苹果，第二类的都是香蕉。无监督学习的典型应用场景多为数据挖掘、异常检测、用户聚类、新闻聚类等。

（3）半监督学习，它可以理解为监督学习和非监督学习的结合，它仅需要少量的标注就能完成识别工作。例如给定一篮水果，只需要对少量水果进行标注，机器就会自动把所有水果进行分类并标注这类水果是什么，当有一个新水果时，机器就会根据学习的结果判断它是苹果还是香蕉。

（4）强化学习，和前面三种方法完全不一样，强化学习是一个动态的学习过程，而且没有明确的学习目标，对结果也没有精确的衡量标准。强化学习的输入是历史的状态、动作和对应奖励，要求输出的是当前状态下的最佳动作。举个例子，假设在午饭时间你要下楼吃饭，附近的餐厅你已经体验过一部分，但不是全部，你可以在已经尝试过的餐馆中选一家最好的，也可以尝试一家新的餐馆，后者可能让你发现新的更好的餐馆，也可能吃到不满意的一餐。而当你已经尝试过的餐厅足够多的时候，你会总结出经验，例如“大众点评”上的高分餐厅一般不会太差、公司楼下近的餐厅没有远的餐厅好吃，等等，这些经验会帮助你更好地发现靠谱的餐馆。许多控制决策类的问题都是强化学习问题，例如让机器通过各种参数调整来控制无人机实现稳定飞行，通过各种按键操作在计算机游戏中赢得分数等。

深度学习是机器学习下面的一条分支，目前的深度学习应用几乎都属于监督学习。深度学习能够通过多层深度神经网络对数据进行处理，如果发现处理后的数据符合要求，就把这个网络作为目标模型；如果发现数据不符合，就不断地自我调整神经网络中复杂的参数设置，使自身模型进行不断地自我优化，从而发现更多优质的数据以及联系。目前的 AlphaGo 正是采用了深度学习算法击败了人类世界冠军，更重要的是，深度学习促进了人工智能其他领域如自然语言和机器视觉的发展。目前人工智能的发展依赖深度学习，这句话没有任何问题。

1.6 人工智能的基础能力

在了解人工智能的基础能力前，我们再聊一下更底层的东西——数据。计算机数据分为两种，结构化数据和非结构化数据。结构化数据是指具有预定义的数据模型的数据，它的本质是将所有数据标签化、结构化，后续只要确定标签，数据就能读取出来，这种方式容易被计算机理解。非结构化数据是指数据结构不规则或者不完整，没有预定义的数据模型的数据。非结构化数据格式多样化，包括了图片、音频、视频、文本、网页等，它比结构化数据更难标准化和理解。

结构化数据

ID	等级	武将名	血	攻	防	智	血成长
131004	神	周瑜	343.00	153.00	177.00	192.00	15.40
121005	神	黄月英	343.00	159.00	141.00	189.00	14.00
121002	神	神 诸葛亮	406.00	165.00	195.00	225.00	16.80
131001	神	神 周瑜	399.00	162.00	201.00	219.00	16.80
121011	神	诸葛亮	355.60	142.20	171.60	196.80	16.80
111005	神	司马懿	376.60	139.20	174.60	196.80	16.80
181009	魔	魔 张角	319.20	121.80	142.20	169.20	13.44
141010	神	贾诩	343.00	159.00	141.00	189.00	14.70
181002	魔	魔 貂蝉	319.20	122.40	142.20	168.60	13.44
121014	神	界 孙尚香	357.67	150.29	176.71	188.71	16.11
131010	神	鲁肃	337.20	132.00	181.90	180.60	14.00

数据表

非结构化数据

AI & 设计

文本

音频

图片

视频

结构化数据与非结构化数据

音频、图片、文本、视频这四种载体可以承载着来自世界万物的信息，人类在理解这些内容时毫不费劲；对于只懂结构化数据的计算机来说，理解这些非结构化内容比登天还难，这也就是为什么人与计算机交流时非常费劲。

人类与计算机的理解差异

全世界有 80% 的数据都是非结构化数据，人工智能想要从“看清”“听清”达到“看懂”“听懂”的状态，必须要把非结构化数据这块硬骨头啃下来。学者在深度学习的帮助下在这一领域取得了突破性成就，为人工智能其他各种能力的发展奠定了基础。

如果将人工智能比作一个人，那么人工智能应该具有记忆思考能力（深度学习、知识图谱、迁移学习、自然语言处理）、输入能力（机器视觉、语音识别）以及输出能力（语音合成、通过信息载体传达信息）。

简单点说，知识图谱就是一个关系网络。它从不同来源收集信息并加以整理，每个信息都是一个节点，当信息之间有关系时，相关节点会建立起联系，众多不同种类的信息节点逐渐形成一个关系网络。知识图谱有助于信息存储，更重要的是提高了信息的查询速度和结果质量。目前知识图谱主要被用于搜索引擎、数据可视化和精准营销等领域。

迁移学习把已学训练好的模型参数迁移到新的模型来帮助新模型训练数据集。由于大部分领域都没有足够的数据量进行模型训练，迁移学习可以将大数据的模型迁移到小数据上，实现个性化迁移，如同人类思考时使用的类比推理。迁移学习有助于人工智能掌握更多知识。

自然语言处理指用计算机对自然语言的形、音、 义等信息进行处理，即对字、词、句、篇章的输入、输出、识别、分析、理解、生成等的操作和加工。自然语言处理主要研究人类如何通过语言与计算机进行有效的通信。计算机想要理解人类的思想，首先要听清楚人类在说什么，看清人类写的文字是什么，然后再去理解人类所表达的意思是什么，其背后需要人工智能拥有广泛的知识以及运用这些知识的能力，以上这些都是自然语言处理需要解决的问题，也是计算机科学、数学、语言学与人工智能领域所共同关注的重要问题。自然语言处理的主要范畴非常广，包括了语音合成、语音识别、语句分词、词性标注、语法分析、语句分析、机器翻译、自动摘要、问答系统等。

机器视觉是使用计算机模仿人类视觉系统的学科，主要包括了计算成像学、图像理解、三维视觉、动态视觉和视频编解码五大类。机器视觉通过摄影机和计算机代替人的眼睛对目标进行识别、跟踪和测量，并进一步对图像进行处理。这是一门研究如何使机器“看懂”的技术，是人工智能最重要的输入方式之一。如何通过摄像头就能做到实时、准确识别外界状况，这是人工智能的瓶颈之一，深度学习在这方面帮了大忙。现在热门的人脸识别、无人驾驶、机器人、智能医疗等技术都依赖于机器视觉技术。

语音识别的目的是将人类的语音内容转换为相应的文字。机器能否与人类自然交流的前提是机器能听清人类讲什么，语音识别也是人工智能最重要的输入方式之一。由于不同地区有着不同方言和口音，这对于语音识别来说都是巨大的挑战。目前百度、科大讯飞等公司的语音识别技术在普通话上的准确率已达到97%，但方言准确率还有待提高。

目前大部分的语音合成技术（Text To Speach，TTS）是利用在数据库内的许多已录好的语音连接起来，但由于缺乏对上下文的理解以及情感的表达，朗读效果很差。现在百度和科大讯飞等公司在语音合成上有新的成果：2016 年 3 月百度语音合成了张国荣声音与粉丝互动；2017 年 3 月本邦科技利用科大讯飞的语音合成技术，成功帮助小米手机实现了一款内含“黑科技”的营销活动 H5。它们的主要技术是通过对张国荣、马东的语音资料进行语音识别，提取该人的声纹和说话特征，再通过自然语言处理对讲述的内容进行情绪识别，合成出来的语音就像本人在和你对话。

Google 旗下的 Deepmind 在 2016 年推出了语音生成模型 WaveNet，WaveNet 抛弃了以往 TTS 的做法，完全通过深度神经网络生成原始音频波形，并且大幅提高了语音生成质量，使语音听起来更自然。WaveNet 在 2017 年已被用于 Google Assistant 上。新的语音合成技术，让语言和情感的表达不再被数据库内的录音所限制。

1.7 人工智能的主要发展方向

经过多年的人工智能研究，人工智能的主要发展方向分为计算智能、感知智能、认知智能三个阶段，这一观点也得到业界的广泛认可。

计算智能是以生物进化的观点认识和模拟智能。有学者认为，智能是在生物的遗传、变异、生长以及外部环境的自然选择中产生的。在用进废退、优胜劣汰的过程中，适应度高的（头脑）结构被保存下来，智能水平也随之提高。机器借助大自然规律的启示设计出具有结构演化能力和自适应学习能力的智能。计算智能算法主要包括神经计算、模糊计算和进化计算三大部分，神经网络和遗传算法的出现，使得机器的运算能力大幅度提升，能够更高效、快速处理海量的数据。计算智能是人工智能的基础，AlphaGo是计算智能的代表。

感知智能是以视觉、听觉、触觉等感知能力辅助机器，让机器能听懂我们的语言、看懂世界万物。相比起人类的感知能力，机器可以通过传感器获取更多信息，例如温度传感器、湿度传感器、红外雷达、激光雷达等。感知智能也是人工智能的基础，机器人、自动驾驶汽车是感知智能的代表。

认知智能是指机器在计算智能和感知智能的基础上，拥有主动思考和理解的能力，不用人类事先编程就可以实现自我学习，有目的地推理并与人类自然交互。在认知智能的帮助下，人工智能通过洞察世界上当前和历史的海量数据之间的关系，不断挖掘出有用的信息，使自己的决策能力提升至专家水平，从而更好地辅助人类做出决策。认知智能将加强人和人工智能之间的互动，这种互动是以每个人的偏好为基础的。认知智能通过搜集到的数据，例如地理位置、浏览历史、可穿戴设备数据和医疗记录等，为不同个体创造不同的场景。认知系统也会根据当前场景以及人和机器的关系，采取不同的语气和情感进行交流。但是机器想做到和人类顺畅地沟通目前是很困难的，因为人类先有语言，才有概念、推理，所以概念、意识、观念等都是人类认知智能的表现，而机器还停留在自然语言理解优化上，机器实现以上能力还有漫长的路需要探索。

解释完人工智能的历史、基础能力后，相信大家对人工智能已经有初步的认识。前文也通过智能增强以及人机交互的发展历史阐释了以前的研究人员是如何看待人类和人工智能友好相处的。那么，人工智能能否对设计和用户体验产生影响？影响究竟有多大？请看下一章。

第 2 章

人工智能对设计的影响

每个时代的设计都有不同的定义，农业和工业时代的设计更多是指设计师通过手工制作的方式阐释自己对美感和艺术的理解；信息时代的设计除了要考虑美感，还要考虑是否实用和好用。设计对象开始从真实世界转向数字世界；设计思想开始考虑以用户为中心的设计；设计方向也增加了很多领域，包括多媒体艺术、软件设计、游戏设计、网页设计、移动应用设计等；设计工具不再只有纸和笔，各种设计软件为设计师带来更多灵感和便利。

2.1 人工智能如何影响设计

在人工智能时代下，AR 设计、智能硬件设计逐渐发展，设计的改革更多考虑的是如何将真实世界和数字世界进行融合，如何在自己产品上更好地阐释艺术、美感和实用性。可能大家觉得人工智能离我们还很遥远，但其实我们已经很早就在使用各种 AI 技术，例如邮件过滤、个性化推荐、语音转变成文字、苹果 Siri 和 Google Assistant、百度搜索、机器翻译等。所以随着 AI 技术的成熟，设计必定会发生新一轮的变化。在未来如何做设计？我们可以通过这几年的设计案例来推测在未来 AI 技术对设计产生的影响。

2.1.1　深度学习降低设计门槛

相信大家对 Adobe 的 Photoshop、After Effects 并不陌生，它是设计师手中的利器，但由于软件的学习成本很高，使用并不容易，所以有不少设计新人望而止步。2016 年，Adobe 发布了基于深度学习的 Adobe Sensei 平台，它能够利用 Adobe 长期积累的大量数据和内容，从图片到影像帮助设计师解决在媒体素材创意过程中面临的一系列问题，将重复劳动变得自动化。

Photoshop CC 2018 增加了一键抠图功能，解决了需要耐心、极度枯燥的抠图工作。用户只需两步操作就能将主体选取出来：第一步按下工具列上的“选择主体”按钮，第二步选中想要的主体，Sensei 就会主动分析影像中的主体与背景的关系，并且直接将主体选取出来。

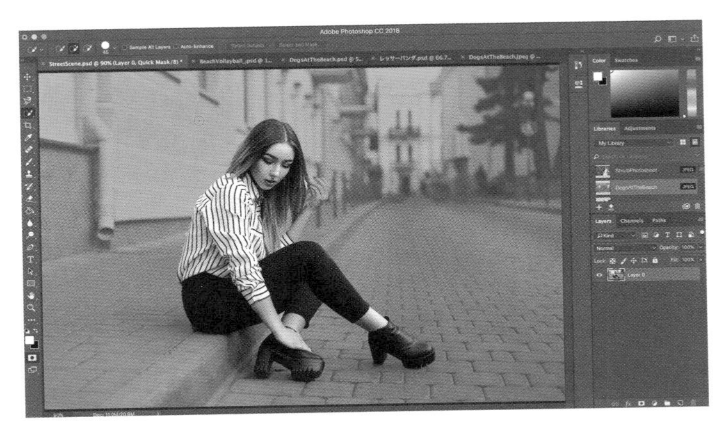

Photoshop CC 2018 的一键抠图功能

在 Adobe MAX 2018 大会上，Adobe 发布了一项名为 Fontphoria 的功能。在演示中，演示人员只需要设计一个字母，Fontphoria 就能通过深度学习技术把该艺术字体的风格复制到其他 25 个字母上，节省了字体设计师的大量时间。

Fontphoria 功能展示

此外，要从一张照片里取出某个元素，再把它“神不知鬼不觉”地混入另一张图片里，也是一件很有难度的事情。正在康奈尔大学攻读博士学位的栾福军和同事共同研发了一种名叫 Deep Painterly Harmonization 的算法，它通过局部风格迁移的方式把各种物体融合进画作里，而且是真的“毫无 PS 痕迹”。大量艺术家的心血，甚至艺术家自己，都惨遭它的“毒手”。

Deep Painterly Harmonization 使用案例

如果说图片编辑工具 Prisma 风靡了整个 2016 年，这里还有一个更惊艳的例子。FastPhotoStyle 是英伟达的图片风格转换工具，其中包含了将照片变为各种艺术风格的算法。只要给出风格照片和目标照片，该工具就能将风格照片上的风格特点迁移至目标照片上，效果简直是以假乱真。

FastPhotoStyle 转换效果

2.1.2 深度学习减轻画师的工作量

每一部动画角色在形象确认之前可能需要画师画上百张图来定型，在制作二维动画时每一帧画面的变化也需要画师一笔一笔画出来。每一幅画的背后，经历了从草稿到线稿再到上色稿以及后期修正等各个阶段，这些环节会耗费画师大量的心血和精力。有些时候由于档期的限制，我们会看到动画由于制作时间紧张而出现画面崩坏的情况，其实不是制作公司和画师不想画好，而是画师真的太辛苦了。

2016 年日本早稻田大学公开了一个自动描线的技术，这项技术能够自动识别图像并确定图像的具体轮廓而完成描线的工作，即便是衣物线条这类很复杂的草稿也可以完美地一口气地转化成为线稿。目前这项自动描线技术仅作为早稻田内部的研究项目，不过随着技术的成熟早晚会有一天面向画师开放。

早稻田大学的自动描线技术

对很多没有绘画经验的人来说，绘画是非常困难的，更困难的是为绘画选择和谐的色彩，即使是相似的颜色，其中的差异也会对绘画结果产生巨大的影响。有家名叫 Preferred Networks 的日本 AI 创业公司把超越 Google 当作自己奋斗的目标。在漫画线稿上色 AI 这个领域，他们研发的 PaintsChainer 几乎可以算是标杆。PaintsChainer 操作非常简单，用户选好线稿上传，自行选择颜色并涂在相应区域，PaintsChainer 会根据图像和提示的颜色实时自动为新图像上色。

PaintsChainer 的自动上色

Google I/O 2018 大会上，Google Photos 发布了一系列的功能改进，包括给黑白老照片自动上色的 AI 修图功能。用户只需要将黑白照片上传到 Google Photos，就能一键看到上色效果，而且效果非常自然。Google 除了研发出给黑白照片上色的 AI 机器人，同时也在研发一款为黑白视频上色的 AI 机器人。研究人员可以从彩色视频里截取某一帧作为参考，然后把该视频转换成黑白视频，再利用他们开发的 AI 机器人，依靠参考帧的颜色，将刚才的黑白视频还原为彩色视频。

Google Photos 为黑白老照片自动上色

日本有位名叫 Hiroshiba 的开发者搭建了一个网站 Girl Friend Factory，它能设置不同的人物属性，例如五官、发型、发色、眼睛的颜色、表情甚至是服装、装饰物，通过 GAN（生成式对抗网络）生成不同的二次元头像。虽然该技术还不是很成熟，有些头像会有明显的扭曲，但相信随着技术的完善，它可以使画师的绘画制作成本进一步降低。

Girl Friend Factory 自动生成二次元头像

在区块链领域，有个名叫 Crypko 的区块链游戏震撼了整个二次元圈，其游戏玩法跟之前流行的“以太猫”非常类似：Crypko 在前期通过收集网络上的不同插画作品，利用 GAN 神经网络将两张不同风格的插画作品的特点进行融合，自动生成一张新的插画作品。后期用户可以通过租赁或者购买的方式获取想要的插画，再与自己已有的插画进行融合，生成新的插画。质量好的插画具备较高的收藏和观赏价值，例如下图中间的插画租赁价为 7 以太币，2018 年 10 月 1 以太币约为 1000 元人民币。

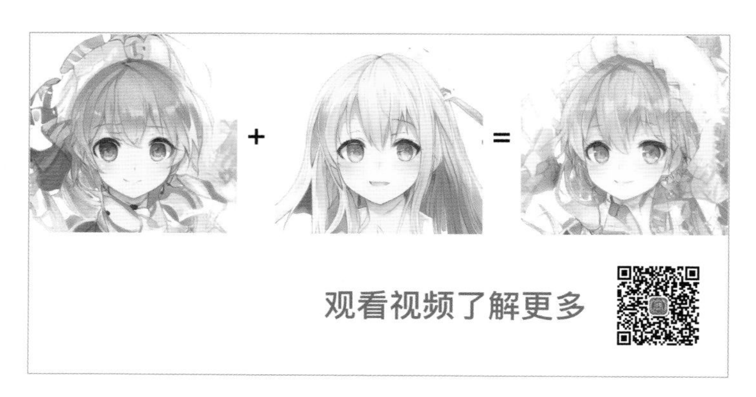

Crypko 插画

2.1.3 AI 自动生成高质量逼真场景

你可能不相信，下面这张高清、逼真的图像是 AI 合成的。CG 要达到这样真实的效果，需要建模、定材质、贴图、上灯光和渲染，工作量极大。这张逼真的图像来自香港中文大学联合英特尔视觉计算实验室的最新成果，他们共同研究出了一种半参数模型，简称为 SIMS，相关工作论文 *Semi-parametric Image Synthesis* 已被 CVPR 2018 接收录。这项技术主要思路是先用大型真实图像数据集训练非参数模型获得一个合成素材库；然后利用语义布局分析虚构场景里有什么，再把这些素材填充进去；最后在接缝的地方深度神经网络会计算好不同素材之间的空间关系，给予适当的光影关系，合成一幅逼真的图片。

AI 合成的高清、逼真的图像

在电影里，虽然空间和场景设计都不算是核心，但每一个细节都可能影响整部电影的质量；同理，沉浸感很强的 VR 也会面临这个问题。随着 AI 渲染环境技术的成熟，高质量、低成本创造真正模拟现实世界的游戏场景将成为可能。SIMS 的第二作者陈启峰已经开始尝试利用这套算法来替换《侠盗猎车手 5》里的游戏场景。

来自英伟达和 MIT 的研究团队，在 2018 年 8 月发布了迄今最强的 AI 高清视频生成网络——vid2vid。它不仅能做到自动合成街景的效果，而且能通过一个简单的素描草图，生成细节丰富、动作流畅的高清人脸。你只需要勾勒出人脸轮廓，系统就能自动生成一张张正在说话的人脸。你不仅可以定制人物的脸色和发色，甚至可以更换人物身后的背景。除了自动合成与人脸相关的视频，vid2vid 还能合成与人体动作相关的视频。只需要对下图左侧的人体模型进行调整，无论是姿势还是身高、胖瘦，右侧都能生成一个真人视频。在未来，AI 除了能帮我们简化场景设计，还能为我们简化各种配角设计。

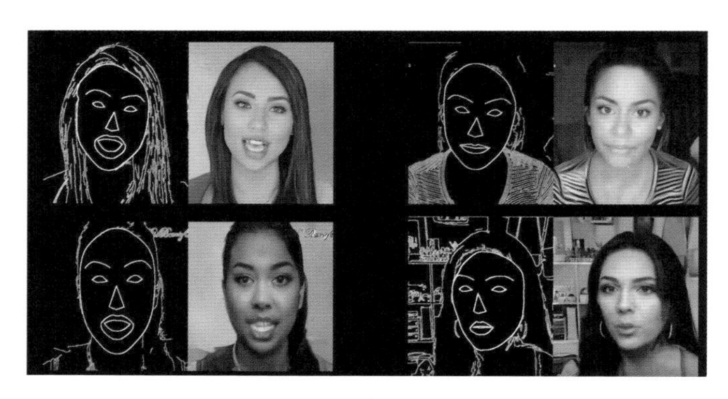

vid2vid 自动生成人脸的效果

vid2vid 自动生成动作的效果

2.1.4 平面照片转换成三维立体头像

要将用户带入虚拟世界，需要为每一位用户提供一个数字化身份，如何为每位用户定制个性化形象将成为设计难题。视觉特效艺术家 Mahesh Ramasubramanian 和 Kiran Bhat 推出了一款智能 3D 模型软件 Loom.ai。通过机器学习和计算机视觉技术，用户只需要上传一张照片，Loom.ai 就能对整个头部进行建模并识别照片中的面部细节（至于照片中无法获得的信息，人工智能会自动进行填充），最后直接生成一个高保真的三维立体头像。

创始人表示他们的技术能做到以下 5 点：

（1）媲美 3D 扫描的视觉保真度。

（2）头像是可动的，像动画人物一样。

（3）算法生成 3A 级面部肌肉，自动契合不同脸型。

（4）头像可以通过嘴巴、眼睛、面部肌肉的活动做出各种表情，表现丰富的情感。

（5）去除照片光线，生成的头像可以融入各种光线环境，产生不同光照效果。

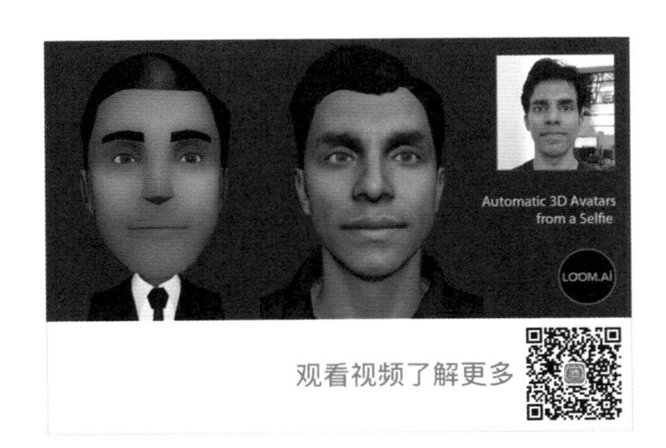

Loom.ai 效果图

2.1.5 让 AI 接手繁杂专业的图文排版设计工作

当今富媒体内容越来越多，包括了各种内容繁杂的图像和文字信息，其中图文混排布局的内容模式已经成为主流。在内容创作的过程中，设计师面临的巨大挑战是如何通过内容多样的图像和文字信息构建吸引眼球的版面（例如杂志封面、海报、PPT 等）。这个问题无论对于商业印刷品、在线期刊、杂志，还是用户生成的内容表达来说都极为重要。图文内容的排版涉及大量的专业知识，包括视觉传达、信息艺术设计、色彩与美学、平面规划、几何构图等。以往的图文排版设计工作，不仅需要具有丰富专业知识的设计师，而且还耗费大量的人工。如何让计算机根据图文内容来自动进行排版是一个非常困难的问题。

Flipboard 是一款致力于打造世界上最好的个性化杂志的应用。2014 年，Flipboard 开发了一款名叫 Duplo 的页面布局引擎，它通过模块化和网格系统快速把内容放入各种尺寸的几千种页面中，解决不同屏幕尺寸下的图文排版问题。Duplo 内置了 2000 ～ 6000 套布局模版。在自动化排版过程中，Duplo 通过页面流（Page flow）、填满现有框架所需文字数量（Amount of text to fill the given frame）、随着窗口尺寸改变内容的一致性（Content coherence across window resizes）以及图片特征检测、宽高比、拉伸、裁剪（Image feature detection，aspect ratio，scale，crop）等多个独立加权的探视程序来计算内容和模板的最佳组合；确认合适的布局后，Duplo 会对字体进行适当的调节，并使标题、正文和图片按照基准线网格呈现，最后生成一个精致的、考虑周全的页面。

在中国，来自微软亚洲研究院和清华大学美术学院的研究学者开创了“视觉文本版面自动设计”这一新的研究方向。他们把设计学中的审美原则与可计算的图像特征相结合，提出了一个可计算的自动排版框架原型。该原型通过对一系列关键问题进行优化（包括嵌入在照片中的文字的视觉权重、视觉空间的配重、心理学中的色彩和谐因子、信息在视觉认知和语义理解上的重要性等），并把视觉呈现、文字语义、设计原则、认知理解等专业知识集成到原型内，最终生成的图文排版深度融合了多媒体与艺术设计以及颜色心理学几个不同学科的知识。这项研究将通用的美学感知进行了体系的数学表达，用人工智能的方法进行艺术设计，获得了 2017 Nicolas D. Georganas 最佳论文奖。

视觉文本版面自动设计案例

2.1.6 通过神经网络设计图自动转换为代码

如何通过编程实现自己的设计？这应该是很多设计师的目标，但也是很多设计师的噩梦，因为学习编程开发是一件相对吃力的事情。相信很多设计师都有将图片直接生成代码的美好设想。哥本哈根的一家初创公司 UIzard Technologies 将这美好设想变成了可能。他们训练了一个神经网络，项目名为 pix2code，能够把图形用户界面效果图转译成代码行，成功为开发者们分担了部分网站设计流程。令人惊叹的是，同一个模型能跨平台工作，包括 iOS、Android 和 Web 界面，从目前的研发水平来看，该算法的准确率达到了 77%。

比识别效果图自动生成代码更疯狂的是，一名在 Insight 工作的工程师 Ashwin Kumar，为了简化整个设计工作流程、缩短开发周期，自行开发了一个名为 SketchCode 的卷积神经网络，它能够在几秒钟内将手绘网站线框图转换为可用的 HTML 网站。2018 年 8 月微软也开源了相似的技术 Sketch2Code。相信在未来数年内，深度学习将改变前端开发，它将会加快原型设计速度，拉低开发软件的门槛，每一位设计师都有可能独立建设自己的网站。

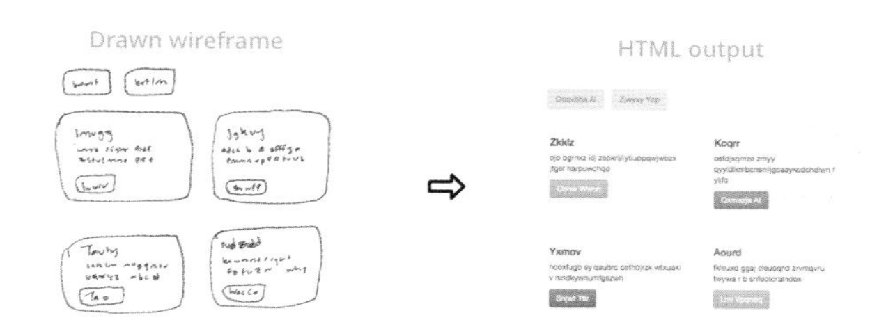

SketchCode 能够将线框图转换为 HTML 网站

2.1.7 大数据驱动情感化设计

2017 年，一首容纳了千万伤心事、非常特别的歌曲 *Not Easy* 冲上了 Spotify 全球榜第 2 名，这首歌的主创是格莱美获奖制作人 Alex Da Kid，最特别的地方在于它的共同创作者还有 IBM Watson。在 Watson 的帮助下，Alex 很快完成了整首歌的创作，演绎出“心碎”这种复杂、多态的情绪，听说很多人在这首短短四分钟的歌曲里听见了属于自己的心碎时刻，不禁落泪。

在这次合作的主题创作阶段，Watson 的语义分析 API——Alchemy Language 对过去 5 年的文本、文化和音乐数据进行了分析，从中捕捉时代的热点话题以及流行的音乐主题，帮助 Alex 锁定了这次音乐创作的核心——“心碎”；在歌词创作阶段，Watson 的情感洞察 API——Tone Analyzer 分析了过去 5 年内 26000 首歌的歌词，了解每首歌曲背后的语言风格、社交流行趋势和情感表达，同时分析了博客、推特等社交媒体上的用户原创内容（User Generated Content，UGC），了解受众对“心碎”这个主题的想法和感受；在乐曲创作阶段，Watson Beat 分析了 26000 首歌曲的节奏、音高、乐器、流派，并建立关系模型帮助 Alex 发现不同声音所反映出的不同情感，探索“心碎”的音乐表达方式；在最后的专辑封面设计阶段，设计师要如何表现“心碎”？ Watson 色彩分析 API——Cognitive Color Design Tool 分析了海量专辑的封面设计，启发 Alex 将音乐背后的情绪表达转化为图像和色彩，完成了专辑封面制作。

2.1.8 机器学习改变赛车底盘设计

Hack Rod 是一家位于洛杉矶的初创公司，他们希望创造世界上第一辆用人工智能构建并在虚拟现实环境中设计的汽车。Hack Rod 团队制作了一个具有几何结构的汽车底盘，并将数百个传感器安装到汽车和司机身上，在测试过程中传感器捕获到 2000 万个关于汽车结构和作用力的数据点，这些数据可以反映影响汽车和司机的物理量究竟是什么，之后传送到欧特克的 Dreamcatcher 重新生成新的底盘设计。一旦最终设计被选定，它会被移交给欧特克的 Design Graph。Design Graph 是一款机器学习搜索应用，它会为每一个虚拟零件提供建议使得零件符合真实汽车制造标准。

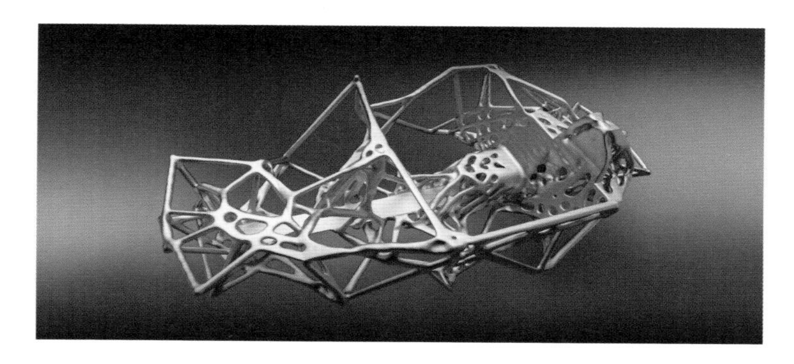

机器学习设计的 Hack Rod 汽车底盘

不知道你有没有注意到一个不寻常的特征，Hack Rod 的底盘左右两侧不是完全对称的，这是有道理的。在固定赛道中，赛车会频繁地沿着某个方向转圈，因此它的底盘两侧受力有很大不同。虽然设计师很早就有这个意识，但是他们一直无法设计出正确的不对称赛车底盘。

在整个底盘设计过程中，通过人工智能构建、虚拟现实设计、3D 打印制造的流程能极大降低汽车生产的时间和预算成本，Hack Rod 的创始人兼创意总监 Mouse McCoy 接受采访时说过："当你开始加入人工智能和机器学习时，就像有 1000 名工程师为你工作，而所花的时间仅是曾经的一小部分，你能以无与伦比的速度来决定你的最终产品，这就是制造的普遍化。"

2.1.9　社交信息预测时尚潮流

以时装为代表的时尚设计往往给人一种激情、充满艺术的感觉；而算法、逻辑、程序等技术往往给人一种冰冷、理性的感觉。当服装设计师遇上人工智能，二者会擦出什么样的火花？在澳大利亚墨尔本广受认可的时装设计师 Jason Grech 与 IBM Watson 合作，着手打造了 2016 年墨尔本春季时装周上的首款认知高级时装系列。Jason 通过 Watson 的"视觉识别"技术捕捉过去十年的 T 台时尚图像和实时的社交信息，从中汲取新的灵感并预测出新的潮流趋势。同时，热爱建筑的 Jason 尝试将建筑图像与时尚图像相互匹配，从建筑的线条、曲线棱角和纹理中寻获灵感，完成了最新的高级时装系列。

2016 年墨尔本春季时装周认知高级时装系列

2.1.10 AI 提高建筑设计效率

一般来说，建筑设计主要包括以下几个步骤：拿地方案、概念设计、方案深化、初步设计和施工图设计。其中，拿地方案、概念设计只占到整个项目的 40%，但却需要投入 50% 的精力。为了解放建筑设计师，小库科技研发了一套智能设计平台，可以利用机器智能快速地帮助设计师完成拿地方案、概念设计等环节的方案设计，提升整个设计前期的效率。设计师只需要通过 3 步操作，小库智能设计平台就可以在 100 秒钟内生成上千个优质方案，同时智能地推荐 9 组最能满足设计需求的方案，大幅度提高了建筑设计效率。同时，设计师只需要往小库的智能审图导入平面图，即可自动生成三维方案模型，生成的方案可以达到 99.9% 的合规率，货值[①]最大化准确率为 95%。

从上述的修图、绘画、自动排版、自动生成场景和形象、时尚服装设计多个案例可以看出，这几年 AI 在效率、技法和想法上不断影响着设计的创意发散与执行。同时，数字化的创意不仅仅是模仿和渐进，除了能对人类已然做成的事情进行延伸和组合，计算机还能提出更多的创意。我们可以乐观地认为，当计算机熟谙我们累积的科学和工程知识，并且得悉具体情况的性能要求，或者有足够的数据来确定这些要求时，它们就能提出我们根本想不到的新颖方案。

2.2 人工智能对用户体验的影响

除了影响设计，最近两年人工智能技术在金融、安全、交通、医疗、公共服务和制造业等领域逐渐落地。随着技术的成熟，人工智能将会在更多领域影响人类的生活和工作。以人为本的人工智能设计会变得更加重要。本节会从安全性、效率、易用性、场景化、个性化五个方面阐述人工智能如何改善现有的产品和用户体验，这五个方面存在着各种联系并相互影响。

① 货值是指以货币计算的生产、销售等经营产品和货物的总价值。

2.2.1 安全性

越接近系统底层的技术越影响用户体验，例如手机中毒或者信息被盗都会对用户产生巨大影响；如果关系到国家安全，整个社会的秩序都会被扰乱。所以安全性是产品以及用户体验的基础。

iPhone X 使用了安全性更高的 Face ID，Face ID 是通过人脸识别技术进行的生物特征认证。苹果表示，Touch ID 的指纹识别被相同指纹破解的概率是五万分之一，而 Face ID 的面部识别被相同面貌破解的概率为一百万分之一，iPhone 用户身份破解的难度整整提升了 20 倍。

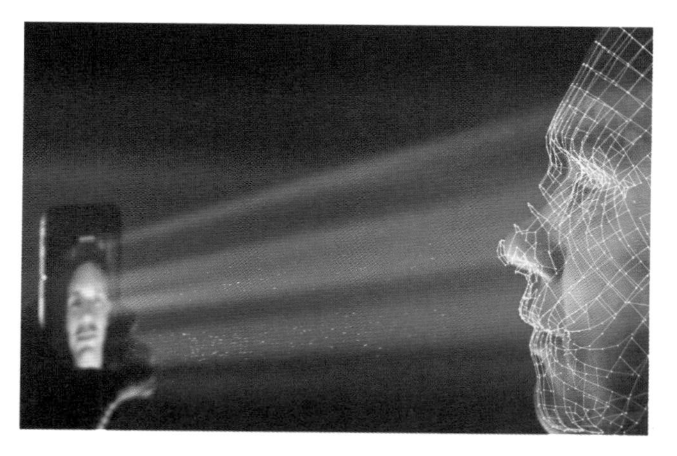

苹果的 Face ID 技术

人脸识别不仅可以提高安全性，同时可以提高用户体验。百度钱包和友宝合作了一款人脸识别自动售货机，用户购买商品时可以通过“刷脸”的形式进行支付，全程不需要掏出手机进行解锁、打开应用、扫码等烦琐的操作，只需要在摄像头前露个脸，商品就会从货架上自动掉下来，体验非常棒。尤其是在用户不方便携带手机的健身房，如果放一个人脸识别自动售货机，可以大大提高健身房整体的用户体验。

除了“刷脸”支付外，百度也将人脸识别技术用在安检上。刷工卡才能进入百度办公区域已成为过去，员工还可以通过“刷脸”的形式自由进出办公区域，再也不用担心因为忘记带工卡而出入不便了。

此外，以往人口流动频繁的地方需要查验身份来确保公共安全，查验身份需要大量的人力和时间，如果遇上春运等情况，工作人员一时忙不过来甚至可能会导致乘客滞留坐不上回家的火车。最近海关、高铁站和机场陆续使用了人脸识别技术进行身份识别，乘客只需要通过人脸识别和刷指纹就能完成安检。另外，英国伦敦的希罗斯机场和美国纽约的约翰·肯尼迪机场正准备试用一种新的 CT 扫描仪，可以直接将行李箱里的东西 3D 成像，工作人员只要对着触摸屏放大或旋转图像，就可以 360° 无死角地看清你包里放的是什么。经过几百万张图片的图像识别训练，新的 CT 扫描仪可以自动检测出爆炸物、枪支或其他禁止携带的物品。曾经需要好几分钟完成的事情如今可以在几秒钟内完成，极大提高了安检效率，也使乘客等待的时间大幅度减少，体验提升。

运用人脸识别的安检系统

2.2.2 效率

1）实时性

在以往的重要直播上，视频会显示实时字幕，这是通过给原有直播信号增加 5 ～ 10 分钟的延时，速记员在这短暂的时间内快速整理并输出字幕，但这需要消耗多名速记员的大量体力和脑力。

在人工智能时代下，计算能力和算法不断提升，计算机可以做到实时反馈结果。语音识别准确率高达 97%，通过语音识别和自然语言处理技术，每场直播都能实现低成本、零延迟的实时字幕。有些直播还会在视频旁边显示已有的字幕，方便用户随时浏览过去的内容，对于经常不在座位旁但需要了解直播内容的用户来说，这是很棒的用户体验。

搜狗 CEO 王小川演讲时显示的实时字幕

此外，如果直播要以多国语言进行，需要会场上配置多名同传翻译，成本大幅度提升。相比速记，同传翻译更加消耗翻译人员的体力和脑力，所以你会发现一场直播上最少会有两名同传翻译定期更换。随着直播时间的增长，越到最后翻译质量越得不到保证，这对观众来说并不是一件好事。而在人工智能时代下，计算机不仅能做到实时字幕，同时也能做到实时翻译。实时翻译不仅能大幅度降低同传翻译的工作难度，同时也能确保翻译的质量和观众的观看体验。

而在会场中，观众可能会遇到这样的问题：拿同传翻译设备需要抵押证件或现金，观众难免会担心自己的证件会被弄丢。我相信这个问题很快能解决：不久的将来观众可以使用自己的手机和耳机充当同传翻译设备，不再需要抵押证件，保证自己在会场上的体验和感受。2017 年，Google 推出了 Pixel Buds 耳机，这款耳机能够即时翻译 40 种语言，跨语言沟通不再是难事，它也被称为《银河系漫游指南》中的“巴别鱼耳塞”[①]，同时这项技术被纳入 2018 年麻省理工科技评论的“全球十大突破性技术”。

Google 推出了 Pixel Buds 耳机

Google I/O 2018 大会上，Gmail 推出了一项旨在帮助用户以前所未有的速度撰写和发送电子邮件的新功能，名叫智能预测拼写（Smart Compose），该功能利用机器学习，交互式地为正在写邮件的用户提供补全句子的预测建议，从而让用户更快地撰写邮件。该功能使用起来非常简单，谷歌将根据上下文实时预测相关内容，并以灰色文本显示在光标后面，用户点击 Tab 键接受建议后，建议就能直接补全句子。此外，智能预测拼写功能仅需几十毫秒的预测时间，用户几乎感受不到任何延迟。此外，谷歌还在研究个人语言模型，以便更准确地模拟每位用户的不同写作风格。

① 巴别鱼耳塞：在《银河系漫游指南》中，你只要将巴别鱼耳塞塞进耳朵里就能理解任何语言。

2）减少流程

通过语音识别、自然语言处理、知识图谱等技术，语音操作开始普及。语音操作可以简化指令型操作，例如设置闹钟。以往设置一个手机闹钟需要完成“解锁－寻找应用－打开应用－添加闹钟－设置上下午－设置小时－设置分钟－设置是否重复－保存－退出闹钟应用”10 步操作；现在通过说出“每天早上 6:30 叫我起床”一句话就能把一个闹钟设置好，极大减少了操作流程。对于不熟练使用手机的老年人来说，语音操作简直就是上天赐予的礼物。

小米 MIUI 推出了一项名为“传送门”的功能，用户可以通过长按操作，触发系统对长按的内容进行分析，智能匹配出百科、商品、书籍、地点、翻译等信息，并即刻把相关的回馈信息传送给用户，极大地提高了跨应用获取信息的效率。“传送门 2.0”还增加了识别图片的功能，可以识别出名人、动物、植物、名画、电影海报等分类，用户可以在相册、微信等应用里对图片进行图像识别，获取更多有价值的信息。

去超市购物，最心烦的事情是什么？可能很多人会回答：排队结账。的确，排队等待确实很耗时间，谁不想拿了就走？2017 年亚马逊推出了颠覆传统超市运营模式的无人超市 Amazon Go，Amazon Go 使用计算机视觉、深度学习以及传感器融合等技术自动识别顾客的动作、商品位置以及商品状态，顾客拿到商品后无须排队结账就能直接离开商店，离开时顾客的智能手机会自动结算并收到相关账单。Amazon Go 减去了顾客在超市里的排队结账流程，使得顾客拥有更好的购物体验。

无人超市 Amazon Go

深圳市宝安国际机场携手微信支付正式推出“微信无感支付”停车场，基于“微信车主服务”和停车场的车牌识别系统两方面能力的结合，将车辆进出停车场的时间缩短了 80%，实现了入场无须领卡、离场无须扫码的体验。在高速收费站场景里，微信、支付宝也启动了高速收费站无感支付。无感支付为用户带来了通行体验的升级，同时节省了用户大量的等待时间。

2.2.3 易用性

1）降低复杂度

除了前文提到的一键抠图功能，Adobe 发布的 Adobe Sensei

平台还能够让 After Effects 支持视频内的人脸识别和物体识别，设计师可以直接为演员戴面具或者增加其他特效，以及为演员的衣服替换颜色。Adobe Sensei 使设计工具的学习门槛和制作成本大幅度降低，设计师能有更多的时间去思考和表达创意。

视障人士使用手机是一件非常麻烦的事情，因此 Android 和 iOS 提供了相应的屏幕阅读服务 TalkBack 和 VoiceOver，让视障人士可以“听见”网站或 App 里的内容。但问题来了，目前应用市场上的大部分应用与读屏软件不太兼容，视障人士使用时体验不佳。调查发现，因为视障人士出门购物十分不便，他们最大的渴望就是像普通人一样在电商世界里顺畅地浏览、愉快地闲逛以及寻找最优价格。而电商购物网站中，促销信息、宝贝介绍通过图片来展示已成为一种普遍现象，这对于使用读屏软件的视障人士而言，则是一个“灾难”。以下是他们在应用里的体验和感受。

视障人士的电商体验

锤子科技为了解决这个问题，创造性地将 OCR 技术与系统的信息无障碍进行结合，视障人士可以通过系统级别的文字识别功能，来获取屏幕上的按钮或者图片中的文字信息，以及获取购物网站上的促销信息。锤子推出的“无障碍模式”降低了各类应用程序对视障人士造成的信息阻碍。

同时，Smartisan OS 4.1 集成了可大幅降低用户操作步骤的批处理命令功能。通过简单的语音命令，即可完成复杂步骤的命令操作，大幅提升操作效率。如说出语音命令“微信付款码”，即可直接打开微信付款码界面，节省了多个步骤的操作。视障用户在各种电商大促也可以更加顺畅地购物了。

2）准确性

Google 是最早提出并使用知识图谱的搜索引擎。通过构建知识图谱的方式，Google 为人物、书籍、电影等现实事物建立关联，并将搜索结果进行知识系统化。任何一个关键词都能获得完整的知识体系，例如搜索 Amazon，一般的搜索结果会显示 Amazon 购物网站，但 Amazon 并不仅仅是一个网站，它还是全球流量最大的 Amazon 河流，Google 期待能够将所有的结果通过“知识图谱”模块展示出来。通过知识图谱技术，用户将会获得更佳的搜索体验，并且能够更快、更简单、更准确地发现新的信息和知识。

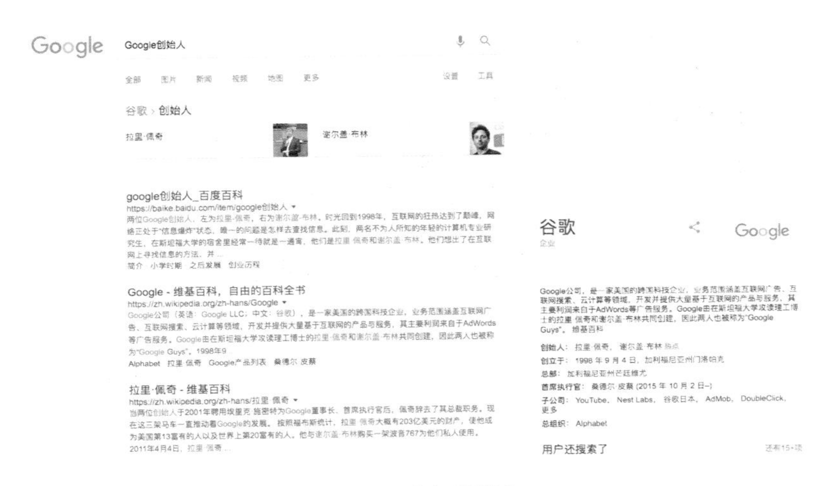

Google 的知识图谱

3）实时教程

AR 技术将会让产品说明失去存在的价值。纸质说明书通常需要用户去读取文字信息和图片注解，而 AR 技术可以识别对象，并在此基础上叠加文本或视频说明。AR 眼镜将协助用户实现最好的体验，用户可以解放双手，在操作的同时，实时查看说明信息。其实 AR 使用手册在 1992 年已经开始投入使用，波音公司开发的头戴式显示系统就能帮助工程师组装电路板上的复杂电线束。

AR 使用手册

2.2.4 场景化

场景包括用户背景、用户情感、时间、空间信息、与上下文相关的背景知识，如何通过人工智能技术实现场景化是人工智能最能体现价值也是最难攻克的重要部分。目前的人工智能产品只能通过人为设计去解决比较简单的场景问题，还没达到真正的智能阶段。个人认为，知识图谱是人工智能解决场景化的重要手段之一，通过知识图谱去构建用户的历史背景，了解用户与周围事物、产品之间的交互和关系，有助于人工智能系统找到最佳的答案反馈给用户。

Google I/O 2018 大会上，Google 发布了 Google Duplex 人工

智能语音技术，它可以通过打电话给人类并用自然的对话完成一系列真实世界的任务；同时，Duplex 采用了 Deepmind 的 Wavenet 技术，使机器的声音与真人基本无异。在现场，谷歌 CEO 桑达尔·皮查伊（Sundar Pichai）让 Google Duplex 给美发店现场打电话预约理发时间，店员完全没有发现跟她聊天的是一个机器人。以下是 Google Duplex 和美发店店员的沟通记录：

店员：您好。

Duplex：您好，我想帮我的客户预约一个理发时间，请问 5 月 3 号可以吗？

店员：好的，请稍等一下。

Duplex：嗯哼。（引起了发布会现场的大笑。）

店员：好的，您想约几点呢？

Duplex：中午 12 点。

店员：12 点不行，最接近的是下午 1 点 15 分。

Duplex：上午 10 点到 12 点之间可以吗？

店员：那要看具体做什么了，您知道她要什么服务吗？

Duplex：就简单的洗剪吹。

店员：那 10 点可以。

Duplex：好，那就 10 点。

店员：好，她叫什么名字呢？

Duplex：她叫丽莎。

店员：好的，那我们 5 月 3 日 10 点见。

Duplex：太好了，谢谢。

从以上对话的内容可以看出，Duplex 在熟悉用户基本信息和行程安排的情况下能够和美发店店员进行交流，并根据上下文的理解给出不同的反馈。尽管目前人工智能还做不到对全部场景进行理解、掌握一般对话的能力，但是它已经能为用户完成一些特定的任务，帮助用户解决更多的个性化需求。在未来它就跟贴身助理一样，会成为你生活的一部分。

2.2.5 个性化

所谓千人千面，每个人都有自己个性的一面，如何满足每一位用户的个性化需求是每个产品最想也是最难实现的功能。抖音就是移动互联网中最成功也是最“有毒”的产品，它通过个性化推荐技术满足了用户的好奇；使用图像识别和 AR 技术降低了用户制作视频的门槛，让用户低成本制作符合自己个性的视频；最后通过精准的用户定位和运营策略获得了用户的火箭式增长。

手机百度的标语是“手机百度看资讯，千人千面大不同”。其借助百度强大的自然语言处理、知识图谱和深度学习等技术，为 6 亿用户标记上百万个标签，并且能够根据不同用户的使用行为、场景、个人兴趣等标签推荐给每一个用户不同的资讯内容，用户能更便捷地获取信息。

在英国，每周末约有 150 万人进入各地的体育馆，体验现场体育赛事的快感。由于球赛瞬息万变，球迷在现场很难用自己的手机捕捉到激动人心的时刻。英国有家名叫 Snaptivity 的科技公司注意到了这一点，它希望能帮助球迷捕捉到球迷想要的瞬间。Snaptivity 把自动摄像机以及物联网传感网络遍布了整个体育场，这些设备只需不到十秒即可完成整个体育场的扫描，并且能够准确定位每一位球迷的座位，同时 Snaptivity 研发的 AI 人群追踪技术能预测下一个重要时刻将在何时何地降临，摄像机会把球迷充满绝望、赢得胜利等时刻都抓住。球迷只需要在 Snaptivity 的 App 上输入自己的座位号，属于你的难忘时刻就会直接发送至你的手机，使用 Snaptivity 拍摄的照片分享率和点赞率提高了 3 倍以上，这家为球迷带来前所未有体验的 Snaptivity 公司也获得了 2018 年戛纳创意节移动类金奖。

2.3　结语

现在 PC 和移动设备的用户界面更多是获取信息的入口，越简单越扁平的设计，越有助于用户高效便捷地获取信息，这也是为什么几年前拟物化设计逐渐被扁平化设计取代的原因。随着 AI 技术的成熟，更多领域将实现电子化和信息化，通过数字孪生技术，计算机用户界面除了获取信息，还会承担更多的角色，例如在农业、工业、服务业等领域成为新的劳动力。电子世界将会一步步地与真实世界进行融合，人类和机器的关系将越来越密切。

在这样的趋势下，数字扁平化设计不一定是最好的设计（因为它更多的是二维界面的产物），数字三维空间设计将重新回到大众的视野，人机交互也将从计算机二维界面拓展到真实世界，人类和机器如何更好地互动与合作，将是人机交互的一大挑战。

第 3 章

人工智能对设计师的影响

3.1 哪些设计容易被人工智能取代？

第 2 章从多个方面讲述了人工智能对设计的帮助和影响，这也意味着人工智能会向设计师发出更多的挑战。那么，什么样的设计容易被人工智能取代？我总结了三个方面：（1）通过训练就能掌握的设计技法；（2）由数据支撑、可模块化的设计；（3）更自然的交互。

3.1.1 通过训练就能掌握的设计技法

现在熟悉并掌握 PS、AE 等复杂设计工具的门槛越来越低。Adobe 深度学习平台 Sensei 将 AI 技术用在自家产品上，抠图、更换光源等曾经需要慢慢雕琢才能达到“毫无 PS 痕迹”的操作都能一键解决，极大地降低了这些工具的学习门槛和设计师的时间成本。

此外，图片处理应用 Prisma 通过深度学习将一张图片的风格特征分析出来，例如上色技法、笔触技法、干湿画法等，然后毫无保留地将其迁移至另外一张图片。因此，通过长时间就能完成的临摹工作也会被人工智能取代。

现在各行业的设计需求越来越多，与此同时设计师的人力成本居高不下，如何满足各行业的设计需求成为一个难题。阿里在2017年“双11”期间为商家制作了4亿张海报，背后的功臣是名叫“鹿班”的AI设计应用。鹿班的原理是阿里设计师将自身的经验知识总结出一些设计手法和风格，再将这些手法归纳成一套设计框架，让机器通过自我学习和调整框架，演绎出更多的设计风格。创始人乐乘预计在2018年的“双11”鹿班可以达到市面上的高级设计师水平。除了鹿班，阿里还开发了一个短视频生成机器人Allwood，它通过整合图文内容的方式自动生成20秒带有配乐的短视频，帮助商家降低制作视频的成本。鹿班和Allwood将满足大部分业务的运营需求，不需要太多独创性的纯体力活将会被人工智能取代。

总的来说，在人工智能时代，可被程式化的重复性工作、仅靠记忆与练习就可以掌握的技能将是最没有价值的，几乎可以由机器来完成。

3.1.2　由数据支撑、可模块化的设计

现在很多产品的功能已经被模块化，在项目里设计师会总结出一套完整的设计规范，后续设计师只需要根据需求使用不同的模块以及对应的设计规范来组装产品即可。Airbnb研发了一个名叫Sketch2code的机器学习工具，它能直接将设计师的手绘原型

转换成 UI 设计稿和对应的代码，加快了整个开发周期。如果用户需求能被模型化，人工智能也能自主完成相应的产品设计。

那么用户需求是否能被模型化？部分用户需求可以被模型化。这里我们需要回顾一下用户体验设计流程是怎样的：首先用户研究人员根据大规模人群的使用数据总结出用户的行为，并将通用的规律交由设计师进行处理，设计师根据结论优化对应的流程和组件设计。如果说产品的优化依赖于用户数据，而用户数据更多是计算机的产物，那么在数据分析上计算机有可能比人类做得更好，因为人类的学识、能力和精力都是有限的。在海量数据面前，由于各种主观因素导致用户研究人员有可能会忽略一些细节，很难站在全局看待所有的数据；但是计算机的精力是无限的，当技术成熟，在数据分析上计算机会略胜一筹。

心理学也是研究用户需求的学科之一。最近，DeepMind 开了一个心理学实验室 Psychlab，它能够实现传统实验室中的经典心理学实验，让这些本来用来研究人类心理的实验，也可以用在 AI 智能体上。当后续心理学可以被量化时，计算机能将心理学变成模型，那么计算机就能更完整地分析出用户想要什么。

总的来说，由于各种限制，设计师无法做到为每名用户量身定制不同的个性化功能；但是人工智能可以做到。人工智能根据不同用户的历史数据和需求为每一位用户改变功能，实现“千人千面”。

3.1.3　更自然的交互

自然语言处理的成熟使语音交互能力逐渐成熟，计算机视觉的成熟使计算机能够容易地识别人类的肢体语言，人类可以用更自然的方式和计算机进行交互，自然而然不需要这么多设计师来设计界面了。

以上的案例也说明了一点，人工智能即使不懂审美，也可以替代人类生产可被公式化（规范化）的设计。可被公式化的设计说明这些设计是已成熟的、有规律的（可以建立模型）、受限制的（具有参数）、可量产的。总的来说，人工智能的成熟对于大部分设计师来说简直是灾难性的打击，之前无论是通过技法还是数据分析才能完成的工作，人工智能一下子就可以完成，后续根本不需要这么多设计师来完成这些工作。那么设计师是否会被人工智能取代？

3.2　设计师与人工智能

3.2.1　人类与人工智能

设计是为了解决问题。从定义上来讲，人工智能能够使机器代替人类实现认知、识别、分析、决策等功能，其本质是为了让机器帮助人类解决问题。也就是说，人工智能在一定程度上也是一种设计，它会创作出与人类思维模式类似甚至超越人类思维模式的解决方案。

当人与机器一起竞赛解决问题时，问题的复杂程度会直接影响解题人的最终方案，因为人的知识、经验、精力是有限的，很少甚至没有人会长时间都在解决同一个问题。当解题人找不到最优方案时，他们给出的方案往往具有一定的主观性，甚至有可能是错误的。但比起人类，计算机拥有四个优势：

（1）可以在极短时间内完成超复杂的运算；

（2）可以长时间不厌其烦地做同一件事，而且不会累；

（3）记忆力好，积累的经验可以被随时调用；

（4）没有情感等主观因素，比人类能更公正、客观地对待每个方案。

这四个优势可以使计算机在解决超复杂的纯智商难题时不断探索新方案，不断积累经验，不断优化方案，通过穷举和对比，找出最佳的答案。人工智能在不同领域积累的经验增加，它对事物间关系的洞察力也会逐步提高，它也会不断反哺提高自己解决问题的能力。当人工智能的运算能力、分析能力、洞察能力超越人类时，人工智能在很多领域提供的解决方案就会优于人类。

但是目前的人工智能属于弱人工智能，李开复老师在《人工智能》一书中总结了弱人工智能暂时无法拥有人类的以下能力：

（1）存在不确定因素时进行推理、使用策略解决问题、制定决策的能力；

（2）知识表示的能力，包括常识性知识的表示能力；

（3）规划能力；

（4）学习能力；

（5）使用自然语言进行交流沟通的能力；

（6）将上述能力整合起来实现既定目标的能力。

除上述几点之外，人工智能没有人类的跨领域推理、抽象类比能力，也没有人类的主观能力如灵感、感觉和感受；更没有人类特有的灵魂、爱、意识、理想、意图、同理心、价值观、人生观等[①]，这导致人工智能在未来很长一段时间内都无法很好地理解人类的心理和行为是什么，在解决推理和情感问题时效率和结果都会不尽人意。

设计除了解决问题外，还涉及对美的理解和创作。美感是对美的体会和感受，它是复杂的，包含了历史、文化、环境、情感等客观和主观因素，所以在不同的时代、阶级、民族和地域中，有着不同文化修养和个性特征的人对美的定义也不同。由于弱人工智能缺乏人类的主观感受以及对当代世界和社会的文化和环境的理解能力，所以目前的弱人工智能对美感基本一无所知。但人工智能不懂美感不代表人教不会机器生产美感，就像托福和雅思，即使考生英语不太好看不太懂文章在说什么，只要懂套路，也能考出一个还行的成绩。

① 如果读者对人工智能能否模拟人类的思维模式感兴趣，请阅读人工智能专家马文•明斯基（Marvin Minsky）编写的《情感机器》和《心智社会》。

因此人工智能只能依赖数据和经验来解决问题，它能解决大部分智力可解决的问题，但解决不了大部分需要推理、情感和美感才能解决的问题。

3.2.2 设计师擅长的领域有哪些

上文已提到，人工智能在解决超复杂纯智力难题上最终会超越人类，而且可以生产出可被公式化（规范化）的设计，例如符合规范可批量生产的平面设计、符合规范已成熟的网页和移动端交互设计。但对于人工智能，设计师不用过多担心被取代问题，因为设计师的工作是为了提高体验和满意度，体验和满意度都是主观的，这是人工智能很难去衡量的。而且设计师擅长的领域基本都是目前的弱人工智能不擅长的，包括了以下方面：

1）跨领域推理

人类强大的跨领域联想、类比能力是跨领域推理的基础。这正是设计师所需要的技能，即如何通过跨界联想进行设计创新，如何通过类比能力去推理出用户想要什么。

2）抽象能力

抽象是想象力中最重要的部分，设计师最需要的就是想象力和创意。

3）“知其然，也知其所以然”

这是学习中最重要的能力之一。设计师通过多个实例找出其中本质及其产生的原因，提炼出用户的需求，再通过具象思维提出设计方案。

4）常识

常识是所有人都认可以及无须仔细思考就能直接使用的知识、经验或方法。设计师经常讲的灵感就由这些知识、经验和方法构成。

5）审美

审美能力同样是人类独有的特征，很难用技术语言解释，更难赋予机器。审美是一件非常个性化的事情，每个人心中都有自己一套关于美的标准，但审美又可以被语言文字描述和解释，人与人之间可以很容易地交换和分享审美体验。这种神奇的能力，计算机目前几乎完全不具备。

6）自我意识与情感

情感是我们人类的感性基础，再结合人类的自我意识即是我们常说的“灵魂”。最好的艺术作品或者设计作品都是有灵魂的，当第一次看到或使用它们时，大多数人会感受到内心的震撼。同理，设计需要考虑用户的感受，这也是常说的同理心和情感化设计。计算机目前只能通过数学建模用文字或者人的表情来推断出人类情感，但还做不到延续用户的开心或者安慰用户的伤心，更不用说与人类进行灵魂交流。

以上几点正是设计师最擅长的，还有人对于复杂系统的综合分析、决策能力，对于艺术和文化的审美能力和创造性思维，由生活经验及文化熏陶产生的直觉、常识，基于人自身的情感（爱、恨、热情、冷漠等）与他人互动的能力……这些都是人工智能所不擅长的。

最后，在过去 60 年里计算机更多被用来增强人类智能，人工智能只是一个辅助工具。汉斯·莫拉维克（Hans Moravec）[①]在 1998 年发表的文章《当计算机硬件与人类大脑相媲美时》提出了一个“人类能力地形图”的观点，其中海拔高度代表这项任务可被计算机执行的难度，不断上涨的海平面代表计算机现在能做的事情。当计算机攻克一个领域时，海平面就会上升，从而淹没掉这个领域；露在海平面之上的部分，就是计算机还没攻克而我们人类擅长的领域。从图中可以看出，目前人工智能水平面预警线距离代表艺术的山峰还很远。因此设计师完全不用杞人忧天，担心自己被人工智能取代。

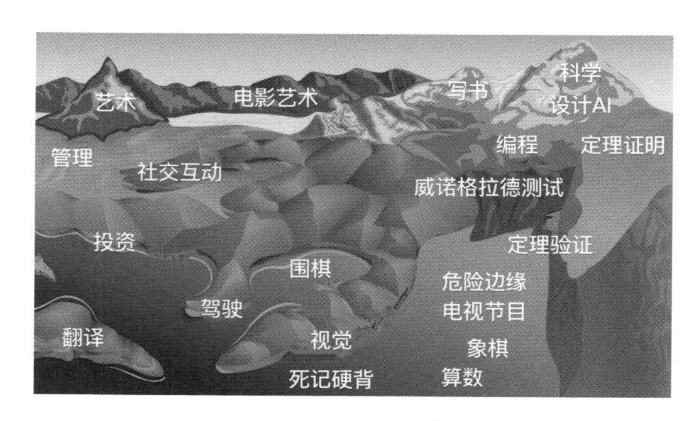

人类能力地形图[②]

① 汉斯·莫拉维克：卡内基梅隆大学移动机器人实验室主任。著作有《智力后裔：机器人和人类智能的未来》《机器人：通向非凡思维的纯粹机器》。

② 参考了迈克斯·泰格马克（Max Tegmark）所著书籍 Life 3.0 中的“人类能力地形图”。

3.3　AI 时代下设计师的机遇与挑战

作为一项引领未来的战略技术，世界发达国家纷纷对人工智能的核心技术、顶尖人才、标准规范等进行部署，加快促进人工智能技术和产业发展，希望在新一轮国际竞争中掌握主导权。我国在最近两年出台了多项关于人工智能的计划，包括《新一代人工智能发展规划》《促进新一代人工智能产业发展三年行动计划（2018—2020 年）》《高等学校人工智能创新行动计划》《中国人工智能系列白皮书 2017》《人工智能标准化白皮书 2018》；来自清华大学、南京大学、西安交通大学等国内 26 所大学建议在本科 / 硕士陆续开展人工智能专业；另外，浙江、北京以及另外几个省市已经确定将把 Python 编程基础纳入信息技术课程和高考的内容体系，多所中学成为首批“人工智能教育实验基地学校”，还有最近首部《人工智能基础（高中版）》正式走进高中课堂。相信在未来 5 年里，将会有一大批掌握各种人工智能技术的应届生进入社会与我们一起竞争，到时场景会相当激烈。

加上新一代设计师是“与互联网共同成长的一代”，在少年时代就接触了更多的新鲜事物，相信在未来几年里有更多的新晋设计师会掌握编程开发以及其他能力，综合素质会比目前的设计师更强，所以，我们一定要保持终身学习，懂得如何将自己的能力和经验转换为优势，这样才能更好地在设计道路上不被超越。

3.3.1 将经验转换为更多价值

每一代人都有被下一代人取代的风险，但为什么有些很厉害的人就不容易被取代？理由很简单，因为他们在不断创造价值。无论是在社会、行业还是企业里，当具备一定影响力后，他们能更容易积累人脉和资源，然后反哺自己的价值，就跟滚雪球一样，当雪球越大，他们越不容易被别人取代。设计师需要有这样的意识。

3.3.2 掌握更多设计技能

未来将有更多的 AR/VR 应用和游戏出现在用户视野，三维设计、动画设计和游戏设计一定是新的潮流方向，而且这些设计软件和技法都比现有的 UI 设计复杂得多，每个控件都有可能根据现实生活中的实物进行三维设计，因此可能会有更多的控件形态以及数量需要设计师考虑，最困难的是如何将以上设计和技术进行整合，做出更贴近用户的产品。

在 HoloLens 眼镜里看到的界面设计

Adobe 正在帮助设计师和开发者简化构建 AR 对象的流程。Adobe 在 2018 年 6 月发布了一款用于创作 AR 的工具 Project Aero，它由 Adobe 和苹果、皮克斯共同合作开发而成。Project Aero 是一款多平台工具，可帮助设计师将图形带到增强现实空间。设计师可以先在 Photoshop CC 和 Dimension CC 中设计图形，然后再导出为 Project Aero 文件。接下来 Project Aero 利用平板计算机来确定图形的 AR 元素以及预览 AR 空间中的改动，最后导出 USDZ 文件供苹果 ARKit 使用。Adobe 首席技术官 Abhay Parasnis 强调："今天的 AR 内容开发还需要创造力和技术技能的结合。Project Aero 将为开发者和创意人员提供一个系统，帮助他们利用苹果 ARKit 来构建简单的 AR 场景和体验。设计人员可以轻松创建沉浸式内容，然后将其带到 Xcode 以进一步完善和开发。"

设计师正在用 Project Aero 预览自己的设计

除了界面设计，在我们身边将有更多的设备连接上物联网，我们该如何设计软件和硬件的关系？设备和设备之间如何交互？这些设备又应该如何服务人类？当这些设备出现问题时，会对用户生活产生多大影响？用户该如何自行修复？当你的设计不周全有漏洞，可能会对用户生活带来直接影响和困扰，所以设计师一定要谨记：影响越大，责任越大。总而言之，在通用人工智能来临之前，设计师还有很多问题需要学习和解决，这时候就需要设计师尽快走出舒适区去学习新的知识，掌握更多本领。

3.3.3 结合 AI 进行思考和设计

既然 AI 是一个强大的工具，那么我们要思考如何运用它来创造更多的价值。在第 2 章提及的 Alex Da Kid 通过 AI 技术分析过去 5 年里的热点话题和流行音乐主题，打造了一首能容纳千万伤心事的歌曲 *Not Easy* 冲上了 Spotify 全球榜第 2 名；时装设计师 Jason Grech 通过 AI 技术捕捉过去十年的 T 台时尚图像和实时的社交信息，从中汲取新的灵感并预测出新的潮流趋势。这两个例子说明 AI 能快速便捷地获取大量信息，帮助设计师拓展自己的视野，不断更新自己的世界观，从新的视角看待问题和解决问题。除了快速获取信息外，设计师也应该考虑如何通过 AI 提高自己的工作效率，例如哪些纯劳动力工作交给 AI 去做效率会更高；哪些工作可以和 AI 一起协同完成更能激发创意。

此外，还有更重要的一点，那就是一定要拓宽自己的想象力，将新的技术和设计技能运用到现有的领域或者行业上。举一个例子，美国广播电视行业在 2017 年开始尝试提高视频的播报质量，设计师从电影拍摄中找到灵感，随后搭建了一个“沉浸式绿幕工作室”。通过 AR 技术和演员的精湛表演，充满视觉震撼的天气预报不仅能让美国人民深刻了解到美国 30 年来最强“怪兽级”飓风“佛罗伦萨”带来的影响，还能提高他们对气象灾害的认知。

天气预报员解说“佛罗伦萨”造成的影响

天气预报员在飓风来临时物体乱飞的模拟情景中

Facebook Messenger 在全球范围内发行了首批两款 AR 视频聊天游戏 Don’t Smile 和 Asteroids Attack。Don’t Smile 是一款互相对视、看谁先笑的游戏；Asteroids Attack 则是移动面部以导航一架太空飞船避开岩石和拾取镭射光束能量的游戏。而竞争对手 Snapchat 却专注于用 AR 占据用户的整个屏幕，希望将用户传送至外太空或迪斯科舞厅。在视频聊天时，对于远在千里又希望与家人或者朋友共度更多时光的用户来说，上述游戏不仅仅是消磨时间的有趣方式，更是一种可促进情感交流的新型纽带。

Facebook Messenger AR 视频聊天游戏

Snapchat AR 视频聊天游戏

3.3.4　深耕艺术设计

如果不想被人工智能领先，人类的设计应该是创新的（未成熟、未被发现规律的），包含更多元素的（更多复杂参数如历史、文化、环境、情感等），“艺术”这个词语就涵盖了以上元素。艺术是灵魂的表达，人工智能在艺术设计上还远远达不到人类的水平，学习艺术设计将会为设计师带来更多的机会。

如何结合人机交互以及人工智能进行艺术设计是未来的一个设计方向，近年来有越来越多的智能互动艺术设备出现在各类艺术展中。在多伦多 2017 年设计创新与技术博览会上，多学科艺术家兼建筑师 Philip Beesley 将大量的技术和系统融入自己的创作作品 Astrocyte 中。Astrocyte 是一个“活”雕塑，这个艺术品集合了化学、3D 打印、人工智能和沉浸音景等诸多元素，它能根据周围观众的行动做出光、声音、振动等模式给予观众回应。

智能互动雕塑 Astrocyte

如果想对人工智能艺术了解更多，可以阅读谭力勤教授写的《奇点艺术：未来艺术在科技奇点冲击下的蜕变》一书，里面有更多的人工智能艺术案例，可帮助大家拓展自己的视野。

3.3.5　个性化设计

在互联网和移动互联网时代，由于产品用户量大以及技术的限制，产品无法针对每位用户在不同场景下的需求进行设计，所以产品功能只能满足绝大部分用户都有的核心场景。此外，鉴于每位用户审美能力的差异，设计师只能考虑用更简洁的设计语言来满足大部分用户的基础审美。

在人工智能时代下，当产品基本都能满足用户需求时，能为产品带来活力和差异的除了自身的底层技术基础，更多是艺术型设计师的理念和风格，以及自身品牌。就像时尚品牌优衣库和Gucci，单件商品两者的品牌和设计所带来的利润差巨大，相信未来的人工智能产品也会面临类似的问题，设计师应该考虑如何为产品赋予更多价值，如何彰显用户的个性。

在人工智能的帮助下，产品有能力做到根据用户的使用场景和行为分析出用户的当前诉求，并提供相应服务。人工智能为个性化服务提供了基础，个性化服务意味着要考虑更多关于该名用户的特点，包括他的文化、经历、心理等因素，如何设计出一个更具包容、更能满足用户个体的产品，将是一个全新的机会和挑战。

3.3.6 学会跨界思考

在近百年诺贝尔奖中有 41% 的获奖者属于交叉学科。尤其在 20 世纪最后 25 年，95 项自然科学奖中，交叉学科领域有 45 项，占获奖总数的 47.4%，也就是将近一半。还有前面提到的人工智能艺术，需要艺术家懂得更多领域的知识和技术才能拓宽自己的视野，这些领域包括但不局限于传感技术、网络技术、智能仿真技术、虚拟技术、生物技术、纳米技术等。因此科学与艺术是可以并且很有必要相通与交融的，设计师一定要学会跨界思考。

人工智能时代下，数字世界和物理世界会逐渐融合，大到城市建设、公共服务、衣食住行和医疗；小到智能家居、穿戴式设备，这些机会将会留给已准备好的挑战者，所以设计师一定要拓宽自己的视野，不要把自己的目光局限在界面设计上。本书的后半部分采访了三名设计师，我们可以从他们身上学习如何跨界思考以及拓宽自己的视野。

第 4 章

人工智能时代下交互设计的改变

4.1 多模态交互

在过去半个世纪里，计算机经历了大型机计算、桌面计算、移动计算三个发展阶段，同时人机交互的发展从穿孔卡片到命令行再到图形界面，新一代人机交互界面都比上一代更为自然和直观。在传统的人机交互模式下，需要用户在计算机面前，通过对键盘、鼠标等设备进行操作才能获取信息和服务，尽管图形界面变得更为友善，但也需要用户掌握一定的操作方法才能体验到计算机带来的方便和好处。随着更多设备的互联网化，对于没有机会接受相关教育的人群来说，计算机把他们的生活变得更复杂和更费力。

这半个世纪的计算机发展主要以技术为中心，而不是以人为中心，主要原因是当时的计算机仍然无法理解用户的行为和意图，以及用户产生的非结构化数据。所以基本上是用户学习如何和计算机交互，而我们提倡的“以用户为中心的设计”更多是指在这个程度上如何降低学习的门槛。

在《人机交互中的体态语言理解》一书中，徐光祐教授把传统的人机交互定义为“显式人机交互”，它的特点包括以下 4 点：

（1）计算机只是被动地等待命令和信息，否则它不会工作。因此，与计算机交互必须有相应的接口。在桌面计算模式下，用户需要在计算机面前通过接口设备才能使用计算机。

（2）计算机无视用户的状态和需求，不会主动地提供服务。

（3）计算机对用户的响应或服务是事先定义的，难以按照用户当前的状态和需求做必要的调整。

（4）计算机只接受它所能接受的命令，也就是符合计算机规定格式的命令，而不顾及用户的文化背景和习惯如何，包括所使用的文字。

尽管传统的人机交互看起来是笨拙的，但是当我们回望过去，输入 / 输出设备的发展一直都在从更多维度或者更深层次上满足人类需求，人类可以在多维度下进行创造和体验，计算机、网络和数字技术正在深刻地改变人类的生活。

4.1.1　普适计算

其实在很早之前已经有研究学者在研究人类如何更好地与计算机进行交互，1988 年美国施乐（Xerox）公司 PARC 研究中心的 Mark Weiser 提出了“普适计算”这个概念。Mark Weiser 认为新一代计算机应该具有以下特征：它是许多高度分散和互联的、可融入自然环境中的、不可见和不需要人们有意识操作或分散注意力的计算机。普适计算的目的是建立一个充满计算和通信能力的环境，把信息空间与人们生活的物理空间进行融合，在这个融合空间中人们可以随时、随地、透明地获得数字化服务；计算机设备可以感知周围的环境变化，从而根据环境变化以及用户需要自动做出相对应的改变。

普适计算的促进者希望嵌入到环境或日常工具中的计算能够使人更自然地和计算机交互，但阻碍普适计算发展的最大原因是计算机还不能根据传感器数据来识别和理解人们的情绪、态度、意愿等内心活动，从而无法以人们所习惯的方式与人们进行信息交流和提供主动的服务。

近年来比较热门的物联网可以认为是普适计算的雏形，多个小型、便宜的互联网设备广泛分布在日常生活的各个场所中，通过相互连接的方式服务用户。计算机设备将不只依赖命令行、图形界面进行人机交互，可以用更自然、更隐形的方式与用户交互，这样的用户界面被称为“自然用户界面”（Natural User Interface，NUI）。NUI 更多是一种概念，它的“自然”是相对图形用户界面而言的，它提倡用户不需要学习，也不需要鼠标和键盘等辅助设备。微软的游戏操控设备 Kinect 有一句经典广告语：You are the controller（你就是遥控器），人类可通过多模态的交互方式直观地与计算机进行交互。

所谓“模态”（Modality），是德国生理学家赫尔姆霍茨提出的一种生物学概念，即生物凭借感知器官和经验接收信息的通道，例如人类有视觉、听觉、触觉、嗅觉和味觉 5 种模态。由学者研究得知，人类感知信息的途径里，通过视觉、听觉、触觉、嗅觉和味觉获取外界信息的比例依次为 83%、11%、3.5%、1.5% 和 1%。多模态是指将多种感官进行融合，而多模态交互是指人通过声音、肢体语言、信息载体（文字、图片、音频、视频）、环境等多个通道与计算机进行交流，充分模拟人与人之间的交互方式。

4.1.2　视觉和听觉

先来看一下多模态里的视觉和听觉，视觉和听觉获取的信息比例总和为 94%，而且是当前流行的 GUI（Graphical User Interface，图形用户界面）和 VUI（Voice User Interface，语音用户界面）使用的两个通道。

1）维度

如果问视觉和听觉最本质的区别是什么，我认为是传递信息的维度不同。眼睛接收的信息由时间和空间四个维度决定；耳朵接收的信息只能由时间维度决定（虽然耳朵能觉察声音的方向和频率，但不是决定性因素）。眼睛可以来回观察空间获取信息；耳朵只能单向获取信息，在没有其他功能的帮助下如果想重听前几秒的信息是不可能的。

时间维度决定了接收信息的多少，它是单向的、线性的以及不能停止的。耳朵在很短时间内接收的信息是非常有限的，举一个极端的例子：假设人可以停止时间，在静止的时间内声音是无法传播的，这时候是不存在信息的。还有一个说法是在静止的时间内，声音会保持在一个当前状态例如“滴”，这时候声音对人类来说就是一种噪音。

耳朵接收的信息只能由时间决定，眼睛却很不一样，即使在很短的时间内，眼睛也可以从空间获取大量信息。空间的信息由两个因素决定：①动态还是静态；②三维空间还是二维平面。在没有其他参照物的对比下，事物的静止不动可以模拟时间上的静止，这时候人是可以在静止的事物上获取信息的。时间和空间的结合可使信息大大丰富，正如花一分钟看周围的动态事物远比一年看同一个静态页面获取的信息要多。

2）接收信息量的对比

视觉接收的信息量远比听觉高。在知乎上有神经科学和脑科学话题的优秀回答者指出，大脑每秒通过眼睛接收的信息上限为100Mbps，通过耳蜗接收的信息上限为 1Mbps。简单点说，视觉接收的信息量可以达到听觉接收信息的 100 倍[①]。

虽然以上结论没有官方证实，但我们可以用简单的方法进行对比。在理解范围内，人阅读文字的速度可以达到 500 ～ 1000 字每分钟，说话时语速可以达到 200 ～ 300 字每分钟，所以视觉阅读的信息可以达到听觉的 2 ～ 5 倍[②]。而当超出理解范围时需要花时间思考，这导致了接收信息量骤降。

① 以上数据来自知乎问题“耳朵和眼睛哪个接收信息的速度更快？”

② 以上两个数据来自知乎问题“普通人的阅读速度是每小时多少字？”和“为他人撰写中文演讲稿，平均每分钟多少字比较合适？”

如果将图像作为信息载体，可由视觉阅读获得的信息远超听觉获得的信息的5倍。眼睛还有一个特别之处，通过扫视的方式一秒内可以看到三个不同的地方[①]。

4.1.3 触觉

虽然触觉接收的信息量少于视觉和听觉，但它远比视觉、听觉复杂。触觉是指分布于人们皮肤上的感受器在外界的温度、湿度、压力、振动等刺激下，所引起的冷热、润燥、软硬、动作等反应。我们通过触摸感受各种物体，并将触摸到的各种数据记入大脑，例如在黑暗情况下我们可以通过触摸判断物体大概是什么。如果我们结合视觉看到一个球形物体，但触摸它时感觉到了棱角，这时会和我们的记忆产生冲突。

在虚拟现实中，五个感官的同时协调是技术的终极目标。如果没有触觉，那就少了实在和自然的感觉，例如在格斗游戏中无论是敌人被击中或者是自己被击中都没有反应回馈，导致游戏体验缺乏真实感。虚拟现实控制系统应该尽可能自然地模拟我们与周边环境的交互。同理，未来的人机交互更多发生在物理空间里，人类想要真实地感受实体，增强现实技术需要把虚拟的数字信息转化为触感，因为触感才是我们在真实环境下感受实体的唯一途径。

---

① 以上数据来自《人工智能的未来》一书。

在现实世界中，科技公司希望借助形变和震动来模拟各种材质的触感，即虚拟触觉技术。之前，在众筹网站 Kickstarter 上就出现过一种虚拟现实手套——Gloveone。这种手套中加入了很多小电动机，通过不同频率和强度的振动来配合视觉效果。类似的还有一款叫作 HandsOmni 的手套，由莱斯大学（Rice University）研发，手套里的小气囊通过充气和放气来模拟触觉，相比于电动机来说，它的效果更好，但仍处于研发的早期阶段。

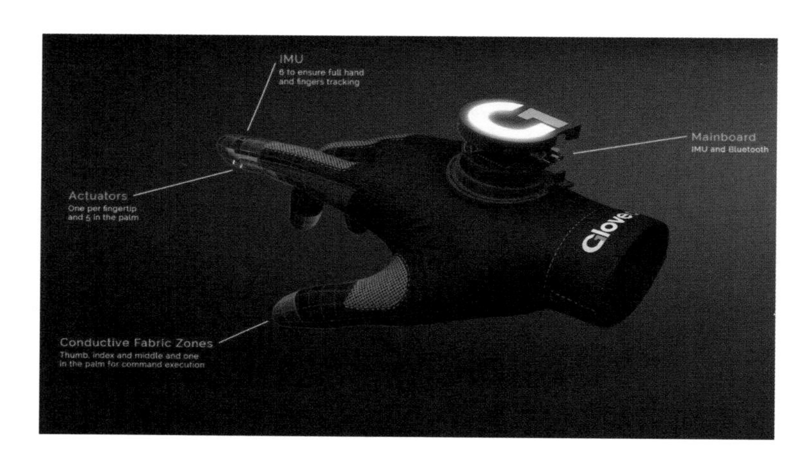

Gloveone 手套

4.1.4 嗅觉

在《超普通心理学》一书中提到：嗅觉是五感中传递唯一不经过丘脑（thalamus）的，而是直接将刺激传到大脑中许多与情感、本能反应相关的腺体，例如杏仁核（管理各种情绪如愤怒与恐惧、欲望与饥饿感等）、海马体（管理长期记忆、空间感受等）、下丘脑（管理性欲和冲动、生长激素与荷尔蒙的分泌、肾上腺素的分泌等）、脑下垂体（管理各种内分泌激素，也是大脑的总司令），因此嗅觉是最直接而且能唤起人类本能行为和情绪记忆的感官。

尽管如此，但目前聚焦嗅觉解决方案的初创公司相对较少，2015 年在 Kickstarter 上发起众筹的 FeelReal 公司就是其中一家。FeelReal 公司推出了由头戴式显示器以及口罩组成的 Nirvana Helmet 和 VR Mask，它们能给你更丰富的感官刺激，例如可以通过气味、水雾、震动、风、模拟热等给使用者带来全新的五官感受。目前为止，FeelReal 团队已经预先制作了数十种在电影、游戏里高频率出现的气味，同时在设备中开发了一个可以同时放置 7 种不同气味发生器的墨盒，墨盒设置在口罩内。可惜的是，FeelReal 在 Kickstarter 上众筹失败，产品在官网上仍然显示着“预订中”。

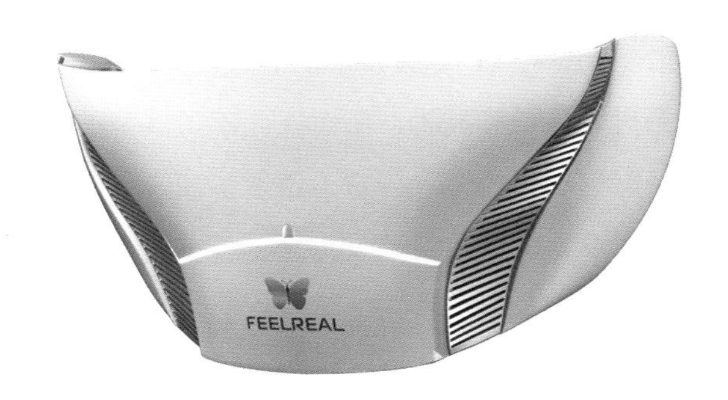

FeelReal 口罩

在杭州有一家叫"气味王国"的公司专注于数字嗅觉技术研发。目前气味王国通过解码、编码、传输、释放等技术流程，将被还原物质的气味突破时间与空间的阻隔，按照程序设定用解码器识别指令进行即时的气味传输。据介绍，气味王国已经收录了十万种气味，并解码了上千种气味，包括日常生活中可接触到的食物、花草、汽油等平常气味，和远离生活的受限地理环境中的奇特气味。解码完成的上千种气味被装置在"气味盒子"中，在合适的场景下，"气味盒子"通过微机电结构控制气味的比例、组合效果、时间节点等，实现契合式的气味释放。

分析完人类如何接收信息以及背后的支持技术后，接下来再分析一下人类如何通过声音和肢体语言、信息载体传达信息，以及现在的支持技术发展到什么阶段。

4.1.5 通过声音传达信息

随着人工智能的发展，语音识别技术得到快速发展，在第 1 章已经详细介绍过语音识别技术，所以在此不再展开介绍。人在表达自己的意图时主要由语言、口音、语法、词汇、语调和语速等决定，而在不同场景下用户的语气也会随着情绪而变化，导致相同的语句可能会有不一样的意图。

具备语音交互能力的设备根据用户响应做出反应并进行有意义对话的关键，是智能情绪识别。早在 2012 年，以色列的初创企业 Beyond Verbal 就发明了一系列语音情绪识别算法，可以根据说话方式和音域的变化，分析出愤怒、焦虑、幸福或满足等情绪，心情、态度的细微差别也能被精准检测。至今为止，该算法可以分析出 11 个类别的 400 种复杂情绪。近年来亚马逊的 Alexa 团队和苹果的 Siri 团队也在着力研究语音情绪识别，苹果的最新 HomePod 广告片 *Welcome Home* 用了类似的方案来表达 Siri 的智能推荐：辛苦了一天的女主角，疲惫不堪地回到家中，让 Siri 用 HomePod 播放音乐。紧接着神奇的事情发生了：音乐响起，女主拥有了魔力，她可以打开另一个空间，顿时疲劳的感觉一扫而光，尽情漫舞。广告充分展示了 HomePod 在转换情绪上的“开关”作用，得到国外广告圈的一致好评。

机器除了需要理解用户想表达什么，还需要识别是哪个用户在说话，这时候生物识别领域下的“声纹识别”就能起到关键作用，该技术通过语音波形中反映说话人生理和行为特征的语音参数，进而分辨出说话人的身份。苹果、亚马逊和 Google 在自家产品上相继使用了声纹识别，可以有效判断不同用户的声音并给出响应。

声纹识别将成为语音人机交互的最佳身份认证方式，还可以有效减少部分应用场景下的操作流程。例如在下订单环节，如果有了声纹识别作为身份认证方式，那么通过“帮我订昨天晚上一样的外卖”这一句话，就能够完成整个订餐及支付操作。如果没有声纹识别，到了支付环节可能还是需要通过智能手机上的指纹识别或人脸识别来完成认证的步骤，使用起来非常麻烦。

同时，由于语音交互的便捷性，在智能家居设计上可能会有较大的问题。举个例子，当有闯入者非法入侵住宅时，如果语音控制系统不限制说话人的身份，每个人都有着智能监控系统的权限，那么闯入者完全可以直接下命令关闭监控系统，这是一件非常危险的事情。声纹识别能有效解决该问题，在不能识别出闯入者身份的前提下，当闯入者尝试进行语音交互时，语音控制系统应该进行报警等一系列安防措施，有效保障居民的安全。

4.1.6　通过肢体语言传达信息

人类交流时一半依赖于肢体语言，如果没有肢体语言，交流起来将十分困难且费力。肢体语言是一种无声的语言，我们可以通过面部表情、眼神、肢体动作等细节了解一个人当前的情感、态度和性格。美国心理学家爱德华 • 霍尔（Edward Hall）曾在《无声语言》一书说过："无声语言所显示的意义要比有声语言多得多，而且深刻得多，因为有声语言往往把所要表达的意思的大部分，甚至绝大部分隐藏起来。"

面部表情是表达情感的主要方式。目前大多数研究集中在 6 种主要的情感上，即愤怒、悲伤、惊奇、高兴、害怕和厌恶。目前网上已经有很多表情识别的开源项目，例如 Github 上点赞数较高的 Face Classification，其基于 Keras CNN 模型与 OpenCV 进行实时面部检测和表情分类，使用真实数据做测试时，表情识别的准确率只达到 66%，但在识别大笑、惊讶等计算机理解起来差不多的表情时效果较差。在人机交互上，用户表情识别除了可以用于理解用户的情感反馈，还可以用于对话中发言的轮换管理，例如机器看到用户表情瞬间变为愤怒时，需要考虑流程是否还继续进行。

有时候人的一个眼神就能让对方猜到他想表达什么，所以眼睛被称为“心灵的窗户”。眼睛是人机交互的研究方向之一，它的注视方向、注视时长、瞳孔扩张收缩以及眨眼频率等都有不一样的解读。2012 年由四个丹麦博士生创立的公司 The Eye Tribe 开发的眼动追踪技术，可以通过智能手机或者平板计算机的前置摄像头获取图像，利用计算机视觉算法进行分析。软件能定位眼睛的位置，估计你正在看屏幕的什么地方，甚至精确到非常小的图标。这项眼动追踪技术未来有望取代手指控制平板计算机或手机。

在人机交互上，眼动追踪技术将帮助计算机知道用户在看哪里，有助于优化整个应用、游戏的导航结构，使整个用户界面更加简洁明了。例如，地图、控制面板等元素在用户没关注时可被隐藏，只有当用户眼球查看边缘时才显示出来，从而增加整个游戏的沉浸式体验。专门研究眼动追踪技术的公司 Tobii Pro 副总裁 Oscar Werner 认为：“以眼动追踪为主的新一代 PC 交互方式，将会结合触摸屏、鼠标、语音控制和键盘等人机交互方式，进而显著提升计算机操作的效率和直观性。目光比任何物理动作都先行一步。在眼部追踪的基础上，肯定还会有更多更“聪明”的用户交互方式诞生。”对以沉浸式体验为核心的 VR 设备而言，眼动追踪技术是下一代 VR 头显的关键所在，刚刚提到的 The Eye Tribe 公司也已被 Facebook 收购，该技术将被用于 Oculus 上。

肢体动作是涉及认知科学、心理学、神经科学、脑科学、行为学等领域的跨学科研究课题，其中包含很多细节，甚至每根手指的不同位置都能传达不同的信息，因此让计算机读懂人类的肢体动作是一件棘手的事。

在肢体识别上，最出名的莫过于微软的 3D 体感摄影机 Kinect，它具备即时动态捕捉、影像辨识、麦克风输入、语音辨识等功能。Kinect 不需要使用任何控制器，它依靠相机就能捕捉三维空间中玩家的运动，在微软 Build 2018 开发者大会上，微软推出了全新的 Project Kinect for Azure，它将配置人们熟悉的所有功能，而且只配置了更小规模但功效更大的组件。例如，新版的 Kinect 前端可以对用户手势进行完整追踪且空间映射度高；而后端可以使用微软 Azure 云平台的机器学习、认知服务以及 IoT Edge 等人工智能服务。

用户在使用 Kinect 传感器来玩体感游戏

手势识别有两款很不错的硬件产品，一款是家喻户晓的 Leap Motion，它能在 150° 视场角的空间内以 0.01 毫米的精度追踪用户的 10 根手指，让你的双手在虚拟空间里像在真实世界一样随意挥动。另外一款是 MYO 腕带，它通过检测用户运动时胳膊上肌肉产生的生物电变化，配合手臂的物理动作监控实现手势识别。MYO 所具备的灵敏度很高，例如握拳的动作即使不用力也能被检测到。有时候你甚至会觉得自己的手指还没开始运动，MYO 就已经感受到了，这是因为你的手指开始移动之前，MYO 已经感受到大脑控制肌肉运动产生的生物电了。

卡内基梅隆大学机器人学院（CMU RI）的副教授 Yaser Sheikh 带领的团队正在研发一种可以从头到脚读取肢体语言的计算机系统，可以实时追踪识别大规模人群的多个动作姿势，包括面部表情和手势，甚至是每个人的手指动作。2017 年 6 月和 7 月，这个项目在 Github 上相继开源了核心的面部和手部识别源代码，名称为 OpenPose。OpenPose 的开源已经吸引了数千用户参与完善，任何人只要不涉及商业用途，都可以用它来构建自己的肢体跟踪系统。肢体语言识别为人机交互开辟了新的方式，但整体的肢体语言理解过于复杂，计算机如何将肢体语言语义化并理解仍然是一个技术瓶颈。

OpenPose 人群肢体识别

4.1.7 通过信息载体传达信息

除了现场沟通，人类还会通过文字、图片、音频、视频这四种媒介与其他人沟通，而这四种载体承载的信息都属于计算机难以理解的非结构化数据。2018 年百度 AI 开发者大会上，百度高级副总裁王海峰发布了百度大脑 3.0，并表示百度大脑 3.0 的核心是“多模态深度语义理解”，包括数据的语义、知识的语义，以及图像、视频、声音、语音等各方面的理解。视觉语义化可以让机器从看清到看懂图片和视频，识别人、物体和场景，同时捕捉它们之间的行为和关系，通过时序化、数字化、结构化的方式，提炼出结构化的语义知识，最终结合领域和场景进行智慧推理并落地到行业应用。在人机交互上，计算机理解非结构化数据有助于计算机理解用户，从而优化个性化推荐和人机交互流程，提高产品整体的使用效率和体验。

总的来说，现在的计算机设备能较好地看清用户的肢体动作以及听清用户的语言，但是仍然不能看懂、听懂并理解背后的语义是什么。当交互发生在三维的物理空间中时，由于上下文会随现场的任务以及任务背景而发生动态变化，导致同样的输入可能会有不同的语义。在短时间内弱人工智能无法很好地解决“语义”，而“语义”也将成为未来几年里人机交互领域绕不开的话题，设计师需要学会如何在人工智能面前更好地权衡并处理“语义”。

4.2　移动产品交互设计的改变

在未来几年内，人工智能助手的普及以及手机硬件形态的改变，将会导致移动端交互设计发生颠覆性的改变，包括信息架构的改变、流的设计改变、拥有更多新型组件以及多模态交互的实现。

4.2.1　信息架构

要说信息架构（Information Architecture）[①]，首先要提及图书馆，因为图书馆应该是最早能体现出信息架构的设计。当不同领域的书籍多到人类无法第一时间找到相关信息时，为了提高查

① 信息架构最早由美国建筑师 Richard Saul Wurman 在 1976 年提出，同时他也是 TED 的创立者。面对当代社会信息的不断增长和爆炸，Richard 认为信息需要一个架构、一个系统来合理设计，因此他创造了一个全新的术语——信息架构。

找效率，人类开始给书籍添加索引，分门别类地按区域摆放不同内容的书籍，这样一来，即使是毫无经验的人，在图书馆引导和管理员的帮助下也能迅速找到相关资料。

图书馆的图书分类

GUI 和 HTML 的出现，使得信息架构得以广泛应用，同时也衍生出一个新的术语——页面（Page）。在 GUI 时代，信息架构主要由页面和流程决定。由于信息的展现必须由页面承载，而页面承载的信息应该是有限的，所以设计者需要将信息合理放入页面里。

假设总信息和页面内容的信息是固定的，那么流程也是固定的；反之亦然，假设页面信息是固定的，在固定的流程上增加一个可以扩展信息的聚合页面，那么总信息可以是无限的。当页面和流程设计被固定时，信息架构也是固定的。

在海量信息面前，固定的信息架构有助于人类记忆使用路径，降低寻找成本。当海量信息不断以指数级增长，功能变得越来越多时，产品需要更多的页面来承载。更多页面会导致产品架构的层级和流程变得更复杂，也使得用户的使用成本不断增加，这并不是一件好事。

每个人的思考模式不是固定的，为了解决大部分用户需求而设计的信息架构可以帮助到用户，同时也限制了用户的思考。为了解决这个问题，信息架构需要一个优秀的导航设计来引导用户使用和随处浏览，如下图所示。

京东商城网页版的导航设计

为了方便用户随心所欲地挖掘更多信息，搜索是一条捷径，搜索还可以让用户随时切换想要寻找的内容。

搜索为用户信息查询带来便捷

由于手机小屏幕的限制，为了展现更多内容，导航的功能和形式被削减，主要依赖标签式、抽屉式、列表式等导航模式以及每个子页面的返回按钮。如果产品架构层级过深，会导致返回步骤过长，如果用户要从一条路径跳到另外一条路径，步骤极其烦琐。

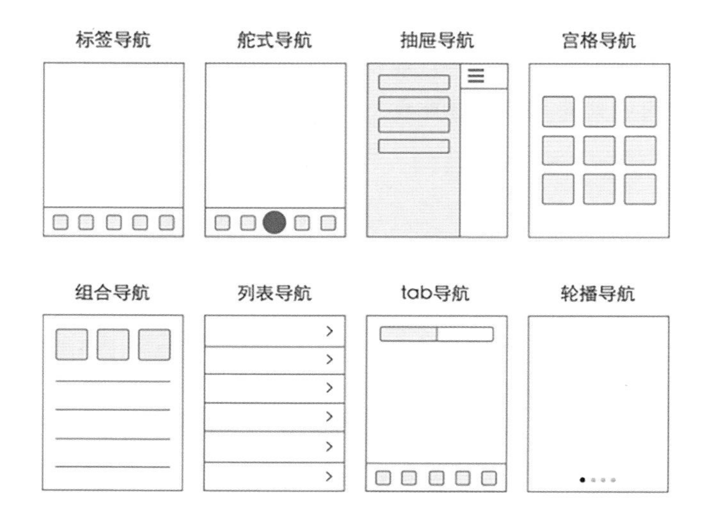

手机应用的常用导航设计

在页面里，不提供随时跳到另外一个页面的功能是完全可以理解的，因为这个功能在展现上就很难设计，而且可能会使稳定的信息架构变紊乱。但是，这个功能可以降低用户的操作成本，更符合人的思维模式。

为了实现这个功能，让用户自行搜索信息架构或许是一个不错的选择。相对于成本很高的文字输入，人工智能下的语音输入是目前最佳的解决方案，语音助手的本质也是利用语音进行搜索。语音助手与信息架构的结合并不是一个全新的模式，iOS 的 Siri 可以打开手机应用以及部分苹果官方功能，例如在 Siri 模式下说出“打开秒表”，就可以直接打开时钟 App 下的秒表页面；说出“打开显示与亮度”，则可以直接定位到显示与亮度页面。可惜的是目前大部分产品的信息架构并不能和系统级别的语音助手进行深度整合。最近小米、三星等手机厂商通过“语音输入－模拟页面触控－到达页面 / 完成功能”的方式实现信息架构的快速触达；而苹果也在逐渐开放 Siri 的生态能力，在最新的系统 iOS 12 中有一项新功能名为 Shortcuts，用户可以通过 Siri 执行任何应用程序的快速操作。

语音助手提供搜索第三方应用信息架构的功能，将极大提高用户的效率，例如在看网易新闻时唤醒 Siri 说“打开微信朋友圈”，可以立即打开微信朋友圈，比传统操作快捷很多。其实仅仅需要在系统和应用层面进行小成本的修改，即可实现该功能，改动如下：

（1）功能 / 页面增加新的标识 / 属性即可被系统语音助手搜索，本质上也是一种 Deep Link[①]。为了降低用户的记忆成本，该功能 / 页面应该是重要的、常用的、唯一的，例如可以通过 Siri 语音输入“我要和微信里的薛志荣聊天”“打开微信朋友圈”可以

① Deep Link，简单点说就是你在手机上点击一个链接之后，可以直接链接到 App 内部的某个页面，而不是 App 正常打开时显示的首页。

直接到达相关页面，而新闻、购物等详情页、聚合页不应该添加该标识 / 属性。

（2）被语音助手调起的页面可以考虑将返回按钮直接改为回首页。由于固定的信息架构使每个页面都能确定上一级页面是什么，流程为了符合用户心理预期需要做到“从哪里来回哪里去”，但语音调起的功能 / 页面，对于用户来说上一级页面是哪里无关紧要，可以直接将返回上一页改为返回首页，也方便用户继续使用该应用。

（3）被语音助手调起的页面有办法直接回到上一个应用 / 页面。例如在 iOS 中调起另外一个应用时，点击屏幕左上角可以回到原应用；同理，当用户在与微信好友聊天时，使用语音助手切换到朋友圈后，点击左上角应该还能回到刚刚的聊天页面，这样可以尽量避免打断用户的流程。以上 3 点图示如下。

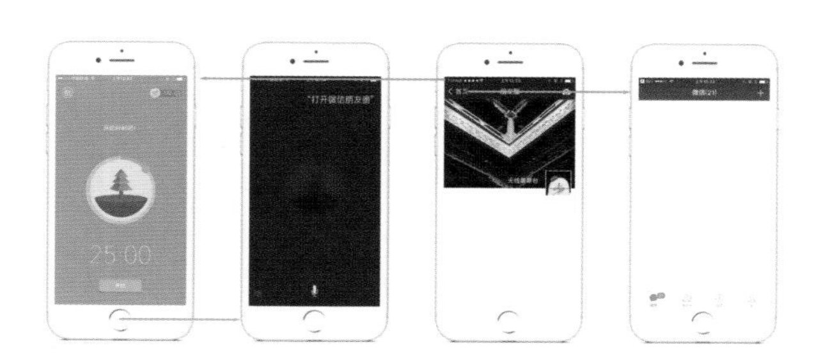

多应用切换概念图

人工智能的成熟使语音助手得以快速发展，语音助手与产品信息架构的整合将使每一个功能都可以被迅速访问，产品入口不再是首页，语音助手给沉重的产品信息架构赋予了活力和流动性。该模式能更好地满足用户随心所欲的需求，也更好地提高了用户的使用效率。

4.2.2　流的设计

移动端产品主要分为内容（资讯、视频、音乐等）、工具（闹钟、笔记、地图等）、社交（聊天）和游戏四个方向。通过不同方向的结合可以孵化出不同的产品，人工智能会为这些产品带来怎样的变化？我认为有以下几点。

（1）人工智能使推荐系统的准确度大幅度提高，用户发现内容的成本降低，产品不再需要复杂的架构来承载不同内容。

（2）人工智能可以承担更多复杂操作，工具的操作成本降低，使用流程也会随之减少，一款产品只承担一个工具不再行得通，除非有“靠山”，例如操作系统。往年 iOS 和 Android 的更新都会添加一些新的工具功能，加上 Siri 或者 Google now 语音指令，以及负一屏的信息聚合页面，可以使工具产品操作起来更方便。

（3）基于对话式的聊天社交已经是最扁平的结构，游戏因复杂而有趣，所以人工智能不应该也不能对它们进行简化，但由人工智能驱动的 VR 和 AR 能为社交和游戏产品带来新的玩法和机遇，不过不在本次讨论中。

人工智能的驱动使内容和工具型产品的信息架构变得更加扁

平，加上在不同场景触发不同功能，有可能实现“每个功能 / 页面都可能成为用户第一时间触达的功能 / 页面”，这意味着每个页面都有可能成为首页，都是信息架构的顶部，这需要产品的信息架构有很强的兼容性和扩展性。

拥有高兼容性和扩展性的模式莫过于 FEED 和 IM，这两种结构有以下特点：①它们具有“流”的性质，结构扁平，内容可以无限延伸；②它们都用样式相同的空容器，例如 FEED 的列表或者卡片，IM 的气泡；③空容器可以承载各式各样的媒体，包括文字、图片、音频和视频。

FEED 和 IM 的区别是是否主动给予信息反馈。FEED 通过采集用户数据，将用户感兴趣的信息主动推荐给用户，在人工智能时代下它更适合用在内容型产品上。IM 通过对话交流的形式给出问题或指令，对方根据相关内容给予反馈，在人工智能时代下它更适合用在简化流程以及工具型产品上。

既然固定内容的概念被打破，页面可以无限延伸，为了保证结构稳定和方便管理，内容和功能需要被模块化。iOS 和 Android 在几年前已采用了首页左滑进入系统 FEED 的设计，不同产品用卡片的形式承载。小米 MIUI 9 的信息助手突破了产品间的壁垒，在负一屏中将不同应用中的同类别信息整理聚合，例如收藏、支出、快递、行程、日程等，想查找使用这些信息时，无须进入不同应用查找，在信息助手中就能快捷查看和使用。

iOS、Android 和 MIUI 三个操作系统的信息流都采用了模块化设计，模块化设计可以借鉴原子设计的概念。原子设计是由原子、分子、生物体、模板和页面共同协作以创造出更有效的用户界面系统的一种设计方法，想了解更多内容请搜索“原子设计”。

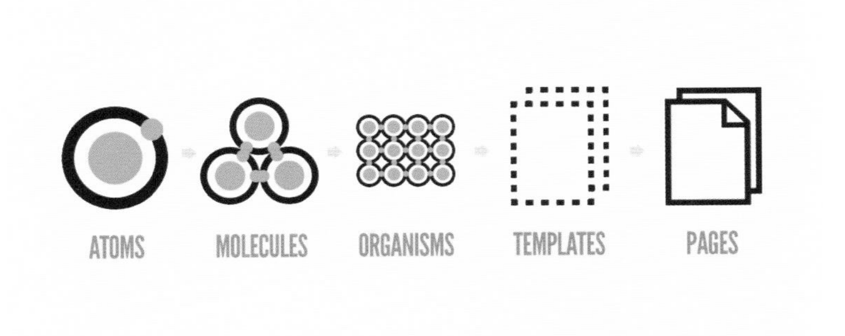

原子设计的概念图

上文提到，语音助手可以触达每个产品的常用功能甚至所有功能，有助于提高用户的使用效率；全局性的人工智能助手有助于整合信息、自我学习，以提供更多帮助，所以未来我们后续的产品需要在人工智能助手的基础上进行设计。人工智能助手包括了可以被随时唤醒的语音助手，例如 Siri，它可以语音对话和提供信息的展示；还包括了操作系统层面的 FEED，例如 MIUI 9 的信息助手，它可以主动展示相关内容和入口。

在设计产品请关注以下几点：

（1）为了方便用户使用语音唤醒功能，产品功能应该是可以瞬间被理解的，唤醒词应该是方便记忆和开口的，例如可以是映射到日常生活中的词语，切勿使用让人难以开口的唤醒词；同时考虑唤醒词的兼容性问题，例如不同方言有着不同叫法。

例如，“打开微信朋友圈”完全没有问题，但“打开微信我”就非常有问题，首先意思完全看不懂，其次用户不会第一时间想到。还有考虑多种叫法，钱包在粤语里叫作“银包”，意思相同的词语应该可以相互映射。

（2）聚合不同功能的页面设计是为了方便管理和发现入口，但本身对用户来说没有太大意义。后续请减少让用户费神思考和记忆的聚合页面，这样可以避免被语音助手或系统 FEED 唤醒时，展示的全是功能入口（除非这页面便于用户理解以及里面的功能非常重要）。

例如，微信第三个 Tab 承载着不同功能，用户可能知道“朋友圈”“摇一摇”，但可能想不到这个聚合页面叫“发现”，因为“发现”这动词太抽象，用户难以第一时间想到。而用户想到“钱包”时更多联想到的是真实世界里装钱的那个钱包，但微信的钱包功能包括了各种金融、O2O 服务，不符合用户第一时间下的心理预期。

（3）不同设计对象请考虑模块化设计，尽可能采用不同入口和页面管理设计对象，方便用户唤醒设计对象。例如，设计对象有可能是一个功能，也有可能是通讯录中的一个名字，它们的属性和功能相同，但用户的记忆对象不同。

（4）常用功能允许被系统 FEED 集成，方便用户第一时间使用。系统 FEED 也会相应地提供入口打开相关产品。

（5）考虑避免常用功能与其他功能的耦合，降低系统 FEED 的结构复杂性和操作成本。例如，在微信朋友圈可以进入朋友的详细资料并进行聊天，朋友圈和聊天两个常用功能可以不断循环，耦合紧密会导致信息架构变复杂。从产品和用户角度设计完全没有问题，但不符合 FEED 的轻量结构。第 4 点在 FEED 内提供产品入口就是为了在完全分隔功能的情况下做出体验补偿。

（6）具有操作性的功能例如设置闹钟、查看天气、购买机票等需要考虑页面的信息展示和操作流程，也需要考虑语音输入的操作流程，两者的操作步骤在用户认知上需要统一。若做不到，请提供相应场景下的合理流程。

例如，眼睛接收信息时可以随处浏览，它具有空间和时间四个维度；耳朵接收信息时只有时间这个维度，会导致同时接收或者筛选的信息量具有很大差异。同理，这也是为什么语音识别发生错误时，用语音修正的成本远比用键盘修正的成本大。

第 1、2、4 和 6 这四点更多考虑的是用户在使用语音或打开 App 操作时可能会产生的不同心理预期，所以需要保证设计对象在这两种操作上的一致性。而第 2、3 和 5 这三点是从模块化的角度来考虑，有助于减少功能的耦合，降低信息架构的复杂程度。

4.2.3 下一代人工智能助理

为了更了解用户，人工智能需要了解更多数据。在日常生活中，一名用户特征的主要信息归纳为身份信息、健康数据、兴趣爱好、工作信息、财产数据、信用度、消费信息、社交圈子、活动范围 9 大类。

（1）身份信息：姓名、性别、年龄、家乡、身份证（身份证包含前 4 项）、账号、现居住地址和家庭信息。

（2）健康数据：基础身体情况、医疗记录和运动数据。

（3）兴趣爱好：饮食、娱乐、运动等方面。

（4）工作信息：公司、职位、薪酬和同事通讯录。

（5）财产数据：薪酬、存款、股票、汽车、不动产和贵重物品。

（6）信用度：由信用机构提供的征信记录。

（7）消费信息：消费记录（含商品类型、购买时间、购买价格和收货地址）、消费水平和浏览记录。

（8）社交圈子：通讯录（含好友、同事、同学和亲戚）和社交动态（含线下和线上）。

（9）活动范围：出行记录、主要活动范围和旅游足迹。

以上各类信息都有相关产品提供服务和数据记录，例如社交应用微信和陌陌、购物应用京东和淘宝、运动健康应用 Keep 等。如果各方面数据打通并提供给人工智能，人工智能就拥有了用户更多的数据和特征，更多应用和智能硬件也可以通过连接人工智能了解用户信息，从而进行自我学习和优化。总体来说，人工智能能代表用户，它也是最懂用户的个人助理。为了保证用户数据不被泄露，以上的用户特征将以 API 的形式接入，第三方应用获得用户授权后才可访问和存储相关数据，相关细节请看附录一“面向用户的人工智能系统底层设计”。

4.2.4　新的组件

除了用户数据以 API 的方式接入，在后续将有更多的组件封装好交给开发者开发。例如，AR 是人工智能中机器视觉的重要体现，具有机器视觉能力的摄像模块可以将电子世界和现实世界结合得更紧密，第三方应用接入摄像模块可以有更多玩法。

语音识别是人工智能中自然语言的重要体现，第三方应用接入系统语音模块可以优化自己的产品结构，提高用户的操作效率。

身份验证模块类似于现在的 Oauth 协议，方便用户注册和登录第三方应用。身份信息 API 提供的公开信息减少了用户注册时的信息填写成本，也有利于第三方应用获取更完整、更正确的信息。应用注册需要个人身份信息已在国内实现，只不过是由国家规定，第三方应用注册时要求绑定手机号码，而手机号码已与个人身份信息挂钩。

由于银行想法和技术的滞后，给予国内第三方公司如阿里支付宝、腾讯财付通等创造移动支付的机会；苹果、Google 在 iOS 和 Android 系统层面推出了自己的移动支付方式。但是多种支付手段都不利于个人账单管理，在使用流程上微信、支付宝等扫二维码的手段都不如系统层级使用 NFC 的 Apple Pay 方便。要统一支付流程，必须由国家机构推出新的政策来执行[①]，统一的支付模块有助于用户移动支付和个人账单管理。

4.2.5 手机的新形态

在中国有一家名叫“柔宇科技”的公司在柔性屏幕上已经积累了数千件知识产权与专有技术，它在 2014 年全球第一个发布了国际业界最薄、厚度仅为 0.01 毫米的全彩 AMOLED 柔性显示屏，几乎是头发丝的 1/5，而且在弯折 10 万次后依然可以实现高质量

① 央行已宣布从 2018 年 6 月 30 日起，类似支付宝、财付通等第三方支付公司受理的、涉及银行账户的网络支付业务，都必须通过“网联支付平台”处理。同时，国家已关注人工智能服务社会信用体系的建设工作，腾讯也开始建设自家信用体系，在不久的将来相信个人征信也会被国家机构统一。

的显示效果。在 2018 年，柔宇科技的柔性屏已经发展到第六代。此外，三星计划在 2019 年推出代号为 Winner 的 Galaxy 可折叠智能手机，一款 7 英寸柔性屏幕的手机设备能折叠到钱包大小。同时美国专利商标局向苹果公司授予了一项名为“配置可折叠屏幕电子设备”的专利，我们可以想象，在未来数年内，随处都能看到人们在用可折叠手机。

柔性显示技术将革命性地改变消费电子产品的现有形态，相比传统的显示屏技术，柔性屏幕显示具有众多优点，例如轻薄、可卷曲、可折叠、便携、不易碎等。柔性屏短期内可能对智能手机产生根本性的颠覆，它比现在的硬屏手机有更多的交互方式，长期甚至可能改变智能家居的产业格局，它会对未来的人机交互方式带来深远的影响。

通过弯曲屏幕模拟翻书效果

在未来，手机屏幕将变得更大，展开时它可能会达到平板计算机大小，有更多的显示空间展示内容，同时我们设计时也要考虑折叠时信息的展现。柔性屏幕还可以弯曲成手环的形状，直接戴在手上。当手机可以在手环、手机、平板三个状态灵活切换时，我们需要考虑这三种状态对用户来说意味着什么，同时也要考虑如何在可变化、更有效的利用空间内展示内容，切换状态时不同组件的过渡动效也将成为交互和视觉的难点。

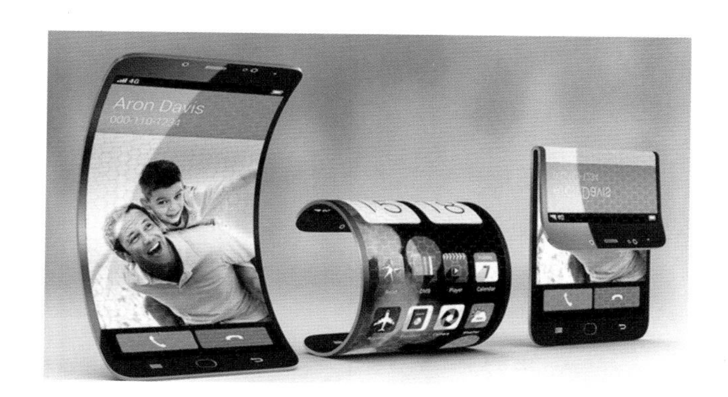

柔性屏手机概念图

4.3 三维空间下的交互设计

二维平面的交互是人为设定的，情景几乎是不会发生变化的；而人所在的三维空间很复杂，情景也会随着人与任意对象之间的任务而发生变化，同时交互的方式也会根据当前情景发生变化。

举一个简单的例子，假设我们有一副来自未来的 AR 眼镜，当我们在日常工作中会随时走来走去，AR 眼镜反馈给我们的内容应该根据环境、视线焦点、当前任务等条件进行动态变化，这时候我们可以通过手势、语音等多种方式与内容进行交互；而我们使用手机时，每次打开都是相同的页面。三维空间下的交互远比二维平面的交互复杂，以下分析一下三维空间的交互设计需要注意哪些事项。

4.3.1　三维空间交互设计的共通点

用户在三维空间下的主要交互对象可以分为虚拟界面和真实物体两大类，虚拟界面包括 VR、AR 和 MR（下文统称 XR），真实物体则为各种智能硬件，我认为它们的设计共通点主要有三点：①考虑多模态交互；②根据空间定位做出响应；③考虑情境理解。

1）考虑多模态交互

在第一节已经提到人类应该可以通过多种交互方式直观地与计算机进行交互，而且已经对各种感官以及交互方式有所解释。在三维空间下，最主要的交互方式是语音交互以及基于体态语言理解的交互。语音交互可以突破距离的限制进行远程操作，同时它也是绝大部分用户都懂的互动方式。体态语言理解是人机交互领域中的核心技术，包括肢体语言及空间语言，肢体语言的相关内容请看回第一节，空间语言请看下一点。

2）根据空间定位做出响应

空间语言指的是社会场合中人与人身体之间所保持的距离间隔。空间语言是无声的，但它对人际交往具有潜在的影响和作用。美国人类学家爱德华·霍尔（Edward Hall）在经典著作《近体行为的符号体系》中将人类的空间区域距离分为：亲密距离、个人距离、社交距离以及公共距离，以下是来自百度百科的解释：

- 亲密距离（0～46 厘米）：其语义为“亲切、热烈、亲密”，在这个距离内可以感受到对方的体热和气味，沟通更多依赖触觉。在通常情况下，只允许父母、夫妻、情侣或孩子进入这一范围。其中 0～15 厘米为近位亲密距离，常用于恋人和夫妻之间，表达亲密无间的感情色彩；16～46 厘米为远位亲密距离，是父母与子女、兄弟、姐妹间的交往距离。
- 个人距离（46～120 厘米）：其语义为“亲切、友好”。这种距离是朋友之间沟通的适当距离，如鸡尾酒会、友谊聚会或派对中的人际距离。其中 46～75 厘米为近位个人区域，在这一区域人们可以保持正常视觉沟通，又可以相互握手。陌生人进入这个距离会构成对别人的侵犯；76～120 厘米为远位个人区域，熟人和陌生人都可以进入这一区域。
- 社交距离（1.2～3.6 米）：其语义为“严肃、庄重”。这种距离的沟通不带有任何个人情感色彩，用于正式的社交场合。在这个距离内沟通需要提高谈话的音量，需要更充分的目光接触。如政府官员向下属传达指示、单位领导接待来访者等，都往往处于这一距离范围内，适合于社交活动和办公环境中处理业务等。

- 公共距离（3.6 米以上）：其语义为“自由、开放”。这是人们在较大的公共场所保持的距离，是一切人都可以自由出入的空间距离。

在未来用户周围一定有很多可交互的设备，如果全部的设备经常与用户互动，我们可以想象被一群吵吵嚷嚷的孩子包围的感觉是怎样的。因此我们设计的任意对象应该根据用户与设计对象之间的距离做出不同的响应，以下是我的观点：

- 处于社交距离以及公共距离（大于 120 厘米）时设计对象应该保持沉默状态。
- 处于远位亲密距离以及个人距离（16 ～ 120 厘米）时设计对象应该处于已激活状态，随时可以与用户进行交互，同时可以考虑适当地主动与用户进行交互，例如主动展示信息以及打招呼。
- 处于近位亲密距离（0 ～ 15 厘米）时候设计对象与用户之间的信息交换应该是毫无保留的，还有设计对象主动与用户交互的次数可以考虑适当增加。
- 若有紧急状况或者用户定制的信息需要提醒用户，可忽略距离限制及时告知用户。若距离过远请考虑最合适的方式通知用户。
- 语音和焦点可以突破空间的距离而发生交互。

目前我们主要用到的空间定位技术有 SLAM（Simultaneous Localization and Mapping，即时定位与地图构建）和 6 DOF（Degree of Freedom，自由度）。SLAM 主要用在智能机器人上。机器人可以在未知环境中从一个未知位置开始移动，在移动过程中根据位置估计和地图进行自身定位，同时在自身定位的基础上建造增量式地图，实现机器人的自主定位和导航。6 DOF 主要用在 XR 上，它能映射出用户在现实世界中是如何移动的。6 DOF 分成两种不同的类型：平移运动和旋转运动，任何运动都可以通过 6 DOF 的组合进行表达。

3）考虑情境理解

用户同样的输入，在不同的情境下可能会有不同的意图；当用户操作的环境是在三维空间时，随着操作对象不断变化，用户的操作和意图会更加复杂而且发生动态变化，使情境的动态性问题更加突出。设计对象之间的数据互通能更好地分享用户在不同设计对象上的操作和意图，实现更好的情境理解。

4.3.2 虚拟界面

关于 XR，设计时需要注意以下几点：

1）建立规则

在面对一个全新的事物时，人们更希望能将它和熟悉的事物进行对比来获取认知，这也是为什么早期 GUI 的设计会参考这么多现实中的真实事物，包括它们的样式以及交互方式。在构建丰富的虚拟现实体验时，为了让用户更容易沉浸在我们所设想的现实之中，应该一开始就要快速向用户讲解这个世界的规则，例如这里的重力、摩擦力、惯性等物理因素是否与我们所认知的一样，这是充满兽人与黑暗魔法师的世界还是 1888 年开膛手杰克四处杀人的伦敦东区……如果存在魔法，说不定用户就能吟唱咒语使用魔法；如果有杀人凶手，说不定用户就是可击毙他的探长，拥有杰出的射击能力。

在创建 AR 或 MR 体验时，我们的主要目标几乎与 VR 完全相反。在 AR 和 MR 中，我们的重点是把内容带到现实世界，让它和我们的现实世界一样，但是可以为用户带来神奇的感受。需要注意的是，你遵循的现实规则越多，体验看上去就越扎根于现实，这样用户才能预期即将出现哪种交互方式，以及用户界面存在哪种选项。

2）用正确的元素构建适合的世界

不同世界有着不同的风格和材料设计，以下几点都是设计时必须考虑的：

（1）光线：现实世界中总是充满光影，阴影是影响用户感受到的视觉真实性的重要因素之一。有研究指出，在虚拟场景中使用动态移动的阴影，要比使用静态阴影或者没有阴影能引发更强的临境感。微软的 Fluent Design 认为光线是一种轻量、合理、能够给用户提供邀请的交互方式；而 Material Design 通过光线引入了阴影，它们都希望把自己的设计语言立意在大自然的基础上，从而更贴近人们的生活。

（2）声音：声音对临境感有很大的影响。有研究表明，与没有特定方位的声音或没有声音相比，有特定方位的声音会增强用户的临境感；另外，在虚拟场景中与视觉信息同步的声音可以提高用户的自我运动感，而这种自我运动感的提升也有助于增强临境感。

（3）触觉反馈：触觉反馈对提升临境感的作用非常明显，尤其是触碰到物体时如果缺乏触感会让大脑感到困惑，现在许多企业与研究机构非常重视触觉模拟的研发，也正是看到了触觉模拟对于提升临境感的重要性。

（4）运动设计：运动设计对于 XR 的 UI 表现和交互体验来说都是至关重要的一环。我们可以想象一下电影中的运动设计，运动的无缝过渡让你能够专注于故事，为你带来真实体验。可以将这些感觉融入设计，引导人们在观影过程中轻松从一个任务跳转到另一个任务。

3）考虑合适的环顾方式

由于“眼镜、手机”组合的低端 VR 设备不具备检测用户身体位移的能力，所以在使用过程中用户很少需要发生位移；此外，360° 全景视频的拍摄也是以一点为中心拍摄其周围 360° 的影像，在观看时，用户是处于摄像机的位置对周围进行观察，所以以用户为中心环顾视角的方式被多数 VR 产品使用。但是，当用户细致观察某件物品时，是以它为中心环顾的方式来观看的，因此我们也要兼顾以物体为中心环顾的方式来设计整个 XR 产品。

4）考虑合适的阅读距离

很多事情会影响界面的可读性，例如字体的大小、对比度、间距等，在 XR 中会增加另外一个因素：深度。深度是微软 Fluent Design 中最重要的内容。深度不仅可以表现 UI 元素的层次及重要程度，更可以表现虚拟物体在 3D 空间中的方位，例如相同的物体显示大小不一样，我们可以知道哪一个离我们更近。因此我们应该将深度融入虚拟界面中，将平面的二维界面转化为能创建视觉层次、更丰富、更有效呈现信息和概念的界面。

以下是 Google VR 设计团队在 Cardboard Design Lab 中总结的有关阅读距离的经验：

- 0.5 米：当文本离你太近时会让眼睛很难聚焦，尤其是在近焦平面和远焦平面之间移动时。
- 1.0 米：这是维持界面良好可读性的最近距离，但是时间一长，这么近的文本仍然会引起眼睛疲劳。
- 1.5 米：文本可以被舒适地阅读，但是在远近之间切换焦点还是可能引起眼睛的疲劳。
- 2.0 米：当文本再远一点，立体的效果就会减少，但这有助于减少眼睛的疲劳。从 2 米开始，对象更容易被聚焦（最终的阅读效果要看使用哪种 VR 镜片）。
- 3.0 米：这是较好的界面显示距离，它阅读起来不仅清晰舒服，而且不会干扰大多数场景。
- 6.0 米：更远的距离保持界面的可读性也是有可能的，但是距离靠前的物体可能会遮挡到界面从而降低文本的可读性，如果不遮挡又可能会让用户觉得有点怪。

而在微软的 Mixed Reality 设计规范中，推荐界面的显示区域介于 1.25 米和 5 米之间。2 米是最理想的显示距离。当显示距离越接近 1 米，在 z 轴上经常移动的界面比静止的界面更容易出现问题。

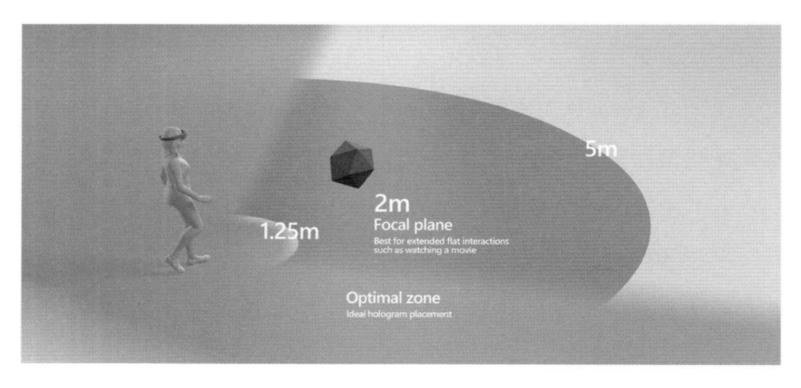

微软 Mixed Reality 对于界面距离显示的观点

切记，以上观点只适用于头戴显示器，不一定适用于手机上的 AR 产品。

5）考虑凝视交互

头部追踪将为头戴设备提供新的输入方式。用户可以通过旋转头部以及凝视某个物体的方式告知应用程序他们的意图和兴趣点是什么，类似于 PC 时代的光标定位。在 XR 中，我们可以考虑在屏幕中间放置一个固定焦点来做视觉辅助，这样有助于用户知道哪个物体正在你的视觉中心上。同时我们应该将凝视交互用于附近或者大型对象上，因为用户尝试将焦点聚焦在一个遥远或者小型对象上，需要头部做出精细且不自然的运动，会让用户感觉很痛苦（类似于 GUI 里的费茨定律）。

上文提及通过焦点可以突破空间的距离而发生交互，我觉得通过这种交互方式可以实现很多有趣的玩法，例如凝视某个位置就能闪现到那个位置上，或者手指向某个物体就能把这个物体吸过来，这些在魔幻电影或者游戏中才能看到的画面，都可以在虚拟世界中轻而易举地做到。在 XR 中，只有你想不到，没有做不到。关于 XR 相关的更多设计内容，可以参考微软提出的 Fluent Design、Mixed Reality 设计规范和 Google 的官方 AR 设计指南，这应该是 2018 年 9 月前最为全面的设计规范了。

4.3.3　智能硬件

如果说 XR 在未来一段时间内都需要用户主动使用才能工作，那么你的产品设计可以天马行空（因为目前 AR 和 MR 还没研发出用户可以经常穿戴的产品，用户不会经常携带）。但是智能硬件是绝对不行的，因为智能硬件需要存活在用户生活中。用户主动和设备交互的时间和次数相对较少，那么用户不主动发起交流时设备该干嘛呢？可能大家会想，如果用户不注意到产品，那怎么记得使用产品呢？我认为这是非常危险的想法。如果每个智能硬件都在用户周围叽叽喳喳，用户的生活怎么过？因此我的见解是不应该经常打扰用户，产品只需要安静地提供服务就好了。

“安静地提供服务”是一个既矛盾又合理的答案。矛盾的地方在于当产品提供服务的时候用户必定能感知到，这时候其实已经打扰到用户了；合理的地方在于如果每次用户使用产品时都需要走到设备跟前操作，那么这款产品一点都不智能。

要实现“安静地提供服务”，主要的解决思路其实就是我们熟知的场景化设计。前面提到的“通过用户的空间定位来做出响应”观点也属于场景化设计之一。除了空间定位外，还可以通过时间、触发事件来做场景化设计。以白领用户为例，工作日用户在家使用设备的时间可以分为起床后至出门前，以及下班后至睡觉前这两段时间，但里面还有很多细节可以考虑：

（1）快到闹钟响起的时候，设备能提供什么服务？

（2）用户醒后睡意朦胧，这时候设备能提供什么服务？

（3）用户洗漱、穿衣和吃早餐的时间内，设备能提供什么服务？

（4）用户出门前设备能提供什么服务？

……

在不同的时间段内，用户的行为会发生不同的变化，这时候产品服务是否需要根据用户行为做出变化？这样用户可以随时“临幸”产品，都不需要过多的操作而且用完即走。

除了场景化设计外，为了更好地做到“安静地服务用户”，我们要考虑待机情况下的几点细节：

（1）设备待机时是否耗电？

（2）设备待机时可以关闭哪些器件？

（3）设备待机时风扇声等噪音是否会影响到用户？

（4）用户突然把家里电源关掉并重启后，设备是否自动重启？

（5）用户在重新启动设备时是否很麻烦，甚至会有安全问题？

第 1、2、3 点直接影响到用户是否愿意让设备长时间处于待机状态；第 4 点直接影响到设备能否自行地长时间运行，因为用户很有可能会随时把电源关掉；第 5 点看起来有点搞笑，但这是整个产品设计的大前提，例如有些设备需要安装在天花板上，会导致用户需要经常爬梯子上去打开设备，这时候会有安全上的风险。以上几点能直接影响到硬件的电路设计，如果考虑不周全，最后的结果就是产品会被用户经常关闭，可交互的次数大幅度减少。同时硬件上的问题也会直接影响每个功能的设计，最终也会影响产品如何与用户进行交互。

未来应该会出现更多多功能合一的产品，这时候要考虑每个功能的属性、使用频率以及使用时长等问题，这些因素也会导致产品如何与用户进行交互。以智能音箱和卧室灯结合为例子：智能音箱默认是长时间打开，随唤随用的产品；而卧室灯的使用频率和时长是由用户生活习惯决定的，有些用户出了房间后可能会随时关灯，这时候会直接导致共用同一条电线的智能音箱断电而无法使用，智能音箱随唤随用的特点也会随之消失，同时很有可能每次用户开灯时，智能音箱的启动声音会吓用户一跳，导致整个产品体验起来会非常怪异。

关于智能硬件的交互设计知识还有很多很多，在此就不一一列举了。最后，当生活中充斥着各种智能硬件时，我们应该考虑和多方厂商进行合作，为用户带来更优质的生活体验。同时生活中的点点滴滴都可能对一个人造成潜移默化的影响，因此我们也需要考虑产品是否会给用户的生活以及周围的亲人尤其小孩带来影响，毕竟生活和亲人才是最重要的。

4.4 语音交互设计

对话是人与人之间交换信息的普遍方式。人可以在交流时通过判别对方的语气、眼神和表情判断对方表达的情感，以及根据自身的语言、文化、经验和能力理解对方所发出的信息，但对于只有 0（false）和 1（true）的计算机来讲，理解人的对话是一件非常困难的事情，因为计算机不具备以上能力，所以目前的语音交互主要由人来设计。有人觉得语音交互就是设计怎么问怎么答，看似很简单也很无聊，但其实语音交互设计涉及系统学、语言学和心理学，因此它比 GUI 的交互设计更加复杂。

要做好一个语音交互设计，首先要知道自己的产品主要服务对象是谁？单人还是多人使用？第二，要对即将使用的语音智能平台非常了解；第三，要考虑清楚自己设计的产品使用在哪，纯语音音箱还是带屏幕的语音设备？了解完以上三点，你才能更好地去设计一款语音产品。考虑到目前市场上 Alexa、Google Assistant、DuerOS、AliGenie 等语音智能平台都有各自的优缺点，以下讲述的语音交互设计将是通用的、抽象的，不会针对任意一款语音智能平台。

4.4.1　语音交互相关术语

在设计语言交互之前，我们先了解一下与语音交互相关的术语：

技能（Skill）：技能可以简单理解为一个应用。当用户说“Alexa[①]，我要看新闻”或者说“Alexa，我要在京东上买东西”时，用户将分别打开新闻和京东购物两项技能，而“新闻”和“京东”两个词都属于触发该技能的关键词，也就是打开该应用的入口，后面用户说的话都会优先匹配该项技能里面的意图。由于用户呼喊触发词会加深用户对该品牌的记忆，因此触发词具有很高的商业价值。

意图（Intent）：意图可以简单理解为某个应用的功能或者流程，主要满足用户的请求或目的。意图是多句表达形式的集合，

① “Alexa”是唤醒语音设备的唤醒词，相当于手机的解锁页面，同时也是便捷回到首页的 home 键。目前的语音设备需要被唤醒才能执行相关操作，例如“Alexa，现在几点？”“Alexa，帮我设置一个闹钟”。这样设计的好处是省电以及保护用户隐私，避免设备长时间录音。

例如“我要看电影”和“我想看2001年刘德华拍摄的动作电影”两种表达方式都可以属于同一个视频播放的意图，只是表达方式不一样。意图要隶属于某项技能，例如“京东，我要买巧克力”这个案例，“我要买巧克力”这个意图是属于“京东”这个技能的。而当用户只说“Alexa，我要买巧克力”，如果系统不知道这项意图属于哪个技能时，是无法理解并且执行的。但是，有些意图不一定依赖于技能，例如“Alexa，今天深圳天气怎么样”这种意图就可以忽略技能而直接执行，因为它们默认属于系统技能。当语音设备上存在第三方天气技能时，如果用户直接喊“Alexa，今天深圳天气怎么样”，系统还是会直接执行默认的意图。我们做语音交互更多是在设计意图，也就是设计意图要怎么理解以及执行相关操作。

词典（Dictionary）：词典可以理解为某个领域内词汇的集合，是用户与技能交互过程中的一个重要概念。例如“北京”“广州”“深圳”都属于“中国城市”这项词典，同时属于“地点”这项范围更大的词典；“下雨”“台风”“天晴”都属于“天气”这项词典。有些词语会存在于不同词典中，不同词典的调用也会影响意图的识别。例如“刘德华”“张学友”“陈奕迅”都属于“男歌星”这项词典，同时他们也属于“电影男演员”这项词典。当用户说“我要看刘德华电影”的时候，系统更多是匹配到电影男演员的“刘德华”；如果用户说“我想听刘德华的歌”，系统更多是匹配到男歌星词典里的“刘德华”。如果用户说出“打开刘德华”这类模棱两可的话时，系统就无法决策究竟是匹配视频意图还是歌曲意图，需要人为设计相关的策略来匹配意图。

词槽（Slot）：词槽可以理解为一句话中所包含的参数是什么，而槽位是指这句话里有多少个参数，它们直接决定系统能否匹配到正确的意图。举个例子，“今天深圳天气怎么样”这项天气意图可以拆分成“今天”“深圳”“天气”“怎么样”四个词语，那么天气意图就包含了“时间”“地点”“触发关键词”“无义词”四个词槽。词槽和词典是有强关系的，同时词槽和槽位跟语言的语法也是强相关的。例如“声音大一点”这句话里就包括了主语、谓语和状语，如果缺乏主语，那么语音智能平台是不知道哪个东西该“大一点”。在设计前，我们要先了解清楚语音智能平台是否支持词槽状态选择（可选、必选）、是否具备泛化能力以及槽位是否支持通配符。词槽和槽位是设计意图中最重要的环节，它们能直接影响你未来的工作量。

泛化（Generalize）：一个语音智能平台的泛化能力将直接影响系统能否听懂用户在说什么以及设计师的工作量大小，同时也能反映出该平台的人工智能水平到底怎么样。究竟什么是泛化？泛化是指同一个意图有不同表达方式，例如“声音帮我大一点”“声音大一点”“声音再大一点点”都属于调节音量的意图，但是表达的差异可能会直接导致槽位的设计失效，从而无法识别出这句话究竟是什么意思。目前所有语音智能平台的泛化能力普遍较弱，需要设计师源源不断地将不同的表达方式写入系统里。词槽和槽位的设计也会影响泛化能力，如果设计不当，设计人员的工作可能会翻好几倍。

通配符（Wildcard Character）：通配符主要用来进行模糊搜索和匹配。当用户查找文字时不知道真正的字符或者懒得输入完整名称时，常常使用通配符来代替字符。通配符在意图设计中非常有用，尤其是数据缺乏导致某些词典数据不全的时候，它能直接简化制作词典的工作量。例如“XXX”为一个通配符，当我为“视频播放”这项意图增加“我想看 XXX 电影”这项表达后，无论 XXX 是什么，只要系统命中“看”和“电影”两个关键词，系统都能打开视频应用搜索 XXX 的电影。但是，通配符对语音交互来说其实是一把双刃剑。假设我们设计了一个“打开 XXX”的意图，当用户说“打开电灯”其实是要开启物联网中的电灯设备，而“打开哈利 • 波特”其实是要观看《哈利 • 波特》的系列电影或者小说。当我们设计一个“我要看 XXX”和“我要看 XXX 电影”两个意图时，很明显前者包含了后者。通配符用得越多，会影响词槽和槽位的设计，导致系统识别意图时不知道如何对众多符合的意图进行排序，所以通配符一定要合理使用。

自动语音识别技术（Automatic Speech Recognition，ASR）：将语音直接转换成文字，有些时候由于语句里某些词可能听不清楚或者出现二义性会导致文字出错。

4.4.2 语音智能平台如何听懂用户说的话

语音交互主要分为两部分，第一部分是“听懂”，第二部分才是与人进行交互。如果连用户说的是什么都听不懂，那么就不用考虑后面的流程了。这就好比打开的所有网页链接全是 404 一样，用户使用你的产品会经常感受到挫败感。因此能否“听懂”用户说的话，是最能体现语音产品人工智能能力的前提。

决定产品是否能听懂用户说的大部分内容，主要由语音智能平台决定，我们在做产品设计前需要先了解清楚语音智能平台的以下 6 个方面：

（1）了解当前使用的语音智能平台 NLU（Natural Language Understanding，自然语言理解）能力如何，尤其是其是否具备较好的泛化能力。NLU 是每个语音智能平台的核心。

（2）了解系统的意图匹配规则是完全匹配还是模糊匹配。以声音调整作为例子，假设声音调整这个意图由“操作对象”“调整”和“状态”三个词槽决定，“声音提高一点”这句话里的“声音”“提高”和“一点”分别对应“操作对象”“调整”和“状态”三个词槽。如果这时候用户说“请帮我声音提高一点”，这时候因为增加了“请帮我”三个字导致意图匹配不了，那么该系统的意图匹配规则是完全匹配，如果能匹配成功说明意图匹配规则支持模糊匹配。

只支持词槽完全匹配的语音智能平台几乎没有任何泛化能力，这时候设计师需要考虑通过构建词典、词槽和槽位的方式实现意图泛化，这非常考验设计师的语言理解水平、逻辑能力以及对整体词典、词槽、槽位的全局设计能力，我们可以认为这项任务极其艰巨。如果语音智能平台支持词槽模糊匹配，说明系统采用了识别关键词的做法，以刚刚的“请帮我声音提高一点”作为例子，系统能识别出“声音提高一点”分别属于“操作对象”“调整”和“状态”三个词槽，然后匹配对应的意图，而其他文字“请帮我”或者“请帮帮我吧”将会被忽略。模糊匹配能力对意图的泛化能力有明显的提升，能极大减少设计师的工作量，因此要尽可能选择具备模糊匹配能力的语音智能平台。

（3）当前使用的语音智能平台对语言的支持程度如何。每种语言都有自己的语法和特点，这导致了目前的 NLU 不能很好地支持各种语言，例如 Alexa、Google Assistant 和 Siri 都在深耕英语英文的识别和理解，但对汉语中文的理解会相对差很多，而国内的 DuerOS、AliGenie 等语音智能平台则相反。

（4）有些词典我们很难通过手动的方式收集完整，例如具有时效性的名人词典还有热词词典。如果收集不完整最终结果就是系统很有可能不知道你说的语句是什么意思。这时候我们需要官方提供的系统词典，它能直接帮助我们减轻大量的工作。系统词典一般是对一些通用领域的词汇进行整理的词典，例如城市词典、计量单位词典、数字词典、名人词典还有音乐词典等。因此我们需要了解当前使用的语音智能平台的系统词典数量是否够多，每个词典拥有的词汇量是否齐全。

（5）了解清楚语音智能平台是否支持客户端和服务端自定义参数的传输，这一项非常重要，尤其是对带屏幕的语音设备来说。我们做设计最注重的是用户在哪个场景下做了什么，简单点就是5W1H：What（什么事情）、Where（什么地点）、When（什么时候）、Who（用户是谁）、Why（原因）和How（如何），这些都可以理解为场景化的多个参数。据我了解，有些语音智能平台在将语音转换为文字时是不支传输传自定义参数的，这可能会导致你在设计时只能考虑多轮对话中的上下文，无法结合用户的地理位置、时间等参数进行设计。为什么说自定义参数对带屏语音设备非常重要？因为用户有可能说完一句话就直接操作屏幕，然后继续语音对话，如果语音设备不知道用户在屏幕上进行什么样的操作，可以认为语音智能平台是不知道用户整个使用流程是怎么样的。在不同场景下，用户说的话都可能会有不同的意图，例如用户在爱奇艺里说“周杰伦”，是想看与周杰伦相关的视频；如果在QQ音乐里说“周杰伦”，则是想听周杰伦唱的歌曲。因此，Where除了指用户在哪座城市，还可以指用户目前在哪个应用里。

（6）当前使用的语音智能平台是否支持意图的自定义排序。其实，意图匹配并不是只匹配到一条意图，它很有可能匹配到多个意图，只是每个意图都有不同的匹配概率，最后系统只会召回概率最大的意图。在第5点已提到，在不同场景下用户说的语句可能会有不同的意图，所以意图应该根据当前场景进行匹配，而不只是根据词槽来识别。因此语音智能平台支持意图的自定义排序非常重要，它能根据特定参数匹配某些低概率的意图，实现场景化的理解。当然，只有在第5点可实现的情况下，意图自定义排序才有意义。

（7）当前使用的语音智能平台是否支持表达方式的自定义排序。可以认为，表达方式是由词槽和槽位决定的。如果有些表达方式的槽位使用了通配符，必定对其他表达方式造成影响。例如在前文提到的例子，“我想看电影”可以理解为“我想看”+“通配符”，这是一个模糊搜索；而“我想看2001年刘德华拍摄的动作电影”可以理解为“我想看”+“时间”+“人物”+“通配符”，这是一个精准搜索，前者的范围远比后者要广。如果没有自定义排序，当用户说“我想看2001年刘德华拍摄的动作电影”，机器可能直接搜索“2001年刘德华拍摄的动作电影”，最后匹配不到数据库里的信息。因此，应该把更模糊、槽位更少的表达方式放在靠后的位置。

（8）当前使用的语音智能平台是否支持声纹识别。一台语音设备很有可能被多个人使用，而声纹识别可以区分当前正在使用设备的用户到底是谁，有助于针对不同用户给出个性化的回答。

4.4.3 设计“能听懂用户说什么”的智能语音产品

当我们对整个语音智能平台有较深入的理解后，就可以开始设计一套“能听懂用户说什么”的智能语音产品。为了让大家对语音交互设计有深入浅出的理解，以下内容将为带屏设备设计一款智能语音系统作为例子，使用的语音智能平台不具备泛化能力，但是它可以自定义参数传输和意图自定义排序。整个设计过程分为系统全局设计和意图设计。

系统全局设计主要分为以下步骤：

（1）如果跟我们对话的“人”性格和风格经常变化，那么我们可能会觉得他有点问题，所以要为产品赋予一个固定的人物形象。首先，我们需要明确用户群体，再根据用户群体的画像设计一个虚拟角色，并对这个角色进行画像描述，包括性别、年龄、性格、爱好等，还有采用哪种音色。如果还要在屏幕上显示虚拟角色，那么还要考虑设计整套虚拟角色的形象和动作。完整的案例可以参考微软小冰，微软把小冰定义成一位话痨的17岁高中女生，并且为小冰赋予了年轻女性的音色以及一整套少女形象。

（2）考虑产品目的是什么，将会为用户提供哪些技能（应用），这些技能的目的是什么？用户为什么要使用它？用户通过技能能做什么和不能做什么？用户可以用哪些方式调用该技能？还有产品将会深耕哪个垂直领域，是智能家居控制？音乐？视频？体育？信息查询？闲聊？由于有些意图是通用而且用户经常用到的，所以每个领域可能会有意图重叠。例如“打开哈利·波特”有可能属于电子书意图，也有可能属于视频意图，因此我们要对自己提供的技能进行先后排序，哪些是最重要的，哪些是次要的。在这里我建议把信息查询和闲聊放在排序的最后，理由请看第三点。

（3）建立合适的兜底方案。兜底方案是指语音完全匹配不上意图时提供的最后解决方案。当智能语音平台技术不成熟，自己设计的语音技能较少，整个产品基本听不懂人在说什么的时候，兜底方案是整套语音交互设计中最重要的设计。兜底方案主要有以下三种：

- 以多种形式告知用户系统暂时无法理解用户的意思，例如“抱歉，目前还不能理解你的意思”“我还在学习该技能中”等。这种做法参考了人类交流过程中多变的表达方式，使整个对话不会那么无聊、生硬。这种兜底方案的成本是最低的，并且需要结合虚拟角色一起考虑。如果这种兜底方案出现的频率过高，用户很有可能觉得你的产品什么都不懂，很不智能。
- 将听不懂的语句传给第三方搜索功能。基本上很多问题都能在搜索网站上找到答案，只是答案过多导致用户的操作成本加大。为了体验更好，建议产品提供百科、视频、音乐等多种搜索入口。以“我想看哈利·波特的视频”这句话为例子，我们可以通过正则表达式的技能挖掘出“视频”一词，同时将“我想看”“的”词语过滤掉，最后获取“哈利·波特”一词，直接放到视频搜索里，有效降低用户的操作步骤。这种兜底方案能简单有效地解决大部分常用的查询说法，但用在指令意图上会非常怪，例如“打开客厅的灯”结果跳去了百度进行搜索，这时候会让用户觉得产品非常傻；还有，如果在设计整个兜底方案时没有全局考虑清楚，很有可能导致截取出来的关键词有问题，导致用户觉得很难理解。

- 将听不懂的语句传给第三方闲聊机器人。有些积累较深的第三方闲聊机器人说不定能理解用户问的是什么，而且提供多轮对话，使整个产品看起来“人性化”一点。由于闲聊机器人本身就有自己的角色定位，所以这种兜底方案一定要结合虚拟角色并行考虑。而且第三方闲聊机器人需要第三方 API 支持，是三个兜底方案中成本最高的，但效果也有可能是最好的。

人与机器的对话可以概括为发送指令、查询信息和闲聊三种形式，以上三种兜底方案在实际应用时都各有优缺点，并且是互斥的。例如，用户发出一个指令“请帮我打开屋里的灯”，这时候机器给出一个搜索结果就会非常尴尬；用户闲聊“早上好啊”，这时候机器说“不好意思，我听不懂你说的”也会很尴尬，因此设计师可以根据实际需求选择最适合产品的兜底方案，要么三选一，要么通过更复杂的机制来确认需要使用的兜底方案。为了让整个产品有更好的体验，我们不能完全依赖最后的兜底方案，还是需要设计更多技能和意图匹配更多的用户需求。

（4）查看语音智能平台是否提供了与技能相关的垂直领域官方词典，如果没有就需要考虑手动建立自己的词典。手动建立的词典质量决定了你的意图识别准确率，因此建立词典时需要注意以下几点：

- 该词典是否有足够的词汇量，词汇的覆盖面决定了词典质量，所以词汇量是越多越好。
- 该词典是否需要考虑动态更新，例如名人、视频、音乐等类别词典都应该支持动态更新。
- 该词典是否包含同义词，例如医院、学校等词汇都应该考虑其他的常用叫法。
- 如果想精益求精，还需要考虑词汇是否是多音字，还有是否有常见的错误叫法。有时 ASR（Automatic Speech Recognition，自动语音识别）会将语音识别错误，因此还需要考虑是否需要手动纠正错误，虽然最后这个做法工作量可能非常大，但是能有效解决中国各种方言以及口音导致机器无法听懂用户说话的问题。

（5）在场景的帮助下，我们可以更好地理解用户的意图。由于我们的大部分设备都是使用开源的安卓系统，而且语音应用和其他应用都相互独立，信息几乎不能传输，所以我们可以通过安卓官方的 API 获取栈顶应用信息了解用户当前处于哪个应用。举个例子：用户说出“刘德华”，如果这时候检测到用户处于腾讯视频应用，那么就发起关于刘德华视频的检索；如果用户处于 QQ 音乐，则发起关于刘德华音乐的检索。如果用户当前使用的应用是由我们设计开发的，我们还可以将用户的一系列操作流程以及相关参数传输给服务器进行分析，有助于我们更好地判断用户的想法是什么，并前置最相关的意图。

（6）撰写脚本。脚本就像电影或戏剧里的剧本一样，它是确定对话如何互动的基本。可以使用脚本来帮助确认你可能没考虑到的情况。撰写脚本需要考虑以下几点：

- 保持互动简短，避免重复的短语。
- 写出人们是如何交谈的，而不是如何阅读和写作的。
- 当用户需要提供信息，则给出相应的指示。
- 不要假设用户知道该做什么。
- 向用户提问时，一次只问一个问题。
- 让用户做选择时，一次提供不超过三个选择。
- 学会使用话轮转换（Turn-taking）。话轮转换是一个不是特别明显但是很重要的谈话工具，它涉及了对话中我们习以为常的微妙信号。人们利用这些信号保持对话的往复过程。缺少有效的轮回，可能会出现谈话的双方同时说话，或者对话内容不同步并且难以被理解的情况。
- 对话中的所有元素应该可以绑定在一起成为简单的一句话，这些元素将是我们意图设计中最重要的参数，因此要留意对话中的元素。

（7）最后我们要将脚本转化为决策树。决策树跟我们理解的信息架构非常相似，也是整个技能、意图、对话流程设计的关键。这时候可以通过决策树检查整个技能设计是否有逻辑不严密的地方，从而优化整个产设计。

以上是全局设计的相关内容，以下开始讲述意图设计。意图设计主要包括以下内容：

（1）正如在前面提到的，意图识别是由词槽（参数）和槽位（参数数量）决定的。当一个意图的槽位越多，它的能力还有复用程度就越高；但是槽位越多也会导致整个意图变得更复杂，出错的概率就会越高，所以意图设计并不是槽位越多就越好，最终还是要根据实际情况而决定。当我们设计词槽和槽位时，请结合当前语言的语法和词性一起考虑，例如每一句话需要考虑主谓宾结构，还有各种名词、动词、副词、量词和形容词。

（2）当语音智能平台泛化能力较弱时，可以考虑手动提升整体的泛化能力。主要的做法是将常用的表达方式抽离出来成为独立的词典，然后每个意图都匹配该词典。

（3）如果设计的是系统产品，我们应该考虑全局意图的设计。例如像带屏智能音箱、投影仪都是有实体按键的，可以考虑通过语音命令的方式模拟按键操作，从而达到全局操作。例如“上一条”“下一个”“打开 xxx”这些语音命令在很多应用内都能用到。

以下通过简单的案例学习一下整个意图是怎么设计的，我们先从“开启 / 关闭设备”意图入手：

第一步：设计“执行词典”和“设备词典”，词典如下：

执行词典

首选词	词语其他常用表达
Turn_on	开启、打开、开
Turn_off	关闭、关掉、关

设备词典

首选词	词语其他常用表达
Light	电灯、灯、灯泡、灯光、光管、灯管、日光灯、荧光灯
Television	电视、彩电、彩色电视

第二步：设计“执行设备”的词槽为“执行”+“设备”。无论用户说“开灯”或者“打开光管”时都能顺利匹配到“Turn_on”+“Light”；而用户说“关掉彩电”或者“关电视”都能顺利匹配到“Turn_off”+“Television”，从而执行不同的命令。

第三步：为了增加泛化能力，我们需要设计一个“语气词典”，词典如下：

语气词典

首选词	词语其他常用表达
Please	帮我、请、快帮我、能不能帮我
Suffix	吧、可以吗、好吗

第四步：增加意图槽位。这时候把“执行”和“设备”两个槽位设置为必选槽位，意思是对话中这两个词槽缺一不可，如果缺少其中之一需要多轮对话询问，或者系统直接无法识别。接着增加两个都为“语气”的可选槽位，可选槽位的意思是这句话可以不需要这个词也能顺利识别。这时候用户说“请开灯”“能不能帮我开灯”都能顺利匹配到“Please”+“Turn_on”+“Light”以及“Please”+“Turn_on”+“Light”+“Suffix”，由于“Please”和“Suffix”都属于“语气”可选词槽的内容，所以两句话最后识别都是“Turn_on”+“Light”。通过参数相乘的方式，我们可以

将整个“开启 / 关闭设备”意图分别执行 4 种命令，并泛化数十种常用表达出来。

刚刚也提到，多轮对话的目的是为了补全意图中全部必选词槽的内容。当用户家里存在数盏灯时，系统应该将刚才的常用表达升级为“Please”+“Turn_on”+“Which”+“Light”+“Suffix”。当用户说“打开灯”的时候，系统应该询问“您需要打开哪一盏灯”，再根据用户的反馈结果执行相关命令。这里有个细节需要大家注意一下，如果是带有屏幕的设备，我们可以考虑把相关引导显示出来，例如“客厅”“卧室”等，这样不仅可以减少用户的思考成本，还可以根据具体需求优先显示某个关键词或者广告，因此具有极高的商业变现价值。

第五步：考虑是否增加通配符机制。如果我们建立不了更全面的词典，那么可以在常用表达里加入通配符。举个例子：“Please”+“Turn_on”+“全部设备：通配符 20 字”+“Suffix”。这时候“Turn_on”与“Suffix”之间的 20 个字内都默认为“全部设备”这个参数，你可以针对“全部设备”这个参数进行下一步的设计。这时候问题来了：

问题 1：如果“Turn_on”与“Suffix”之间超过 20 个字怎么办？

回答 1：这个就要根据场景考虑通配符的最大和最小极限值是多少了，没有最优解。

问题 2：之前设计的槽位是否依然是必选槽位？

回答 2：如果使用了通配符，就应尽量少用必选词槽，否则逻辑会混乱。例如“打开灯”和“打开客厅的灯”里的“灯”和“客厅的灯”都会被识别为“全部设备”这项参数，但“打开灯”是不知道要打开哪一盏灯的；而“打开客厅的灯”明显是知道要打开客厅的灯。

问题 3：如果“开启 / 关闭设备”这个意图只有少数槽位并且加入了通配符，会不会对其他类似执行意图造成影响？例如“打开腾讯音乐”“打开刘德华”（不同人会有各种千奇百怪的说法）。

回答 3：一定会的。所以最通俗、最常用的说法要慎重考虑通配符的使用。

第六步：确认表达方式的排序。在前文提到，我们应该把更模糊、槽位更少的表达方式放在靠后的位置、例如可增加一个 Where 词典来确认客厅、房间等信息，以下是最终的“开启 / 关闭设备”意图设计：

1. “Please” + “Turn_on” + “Where” + “Which” + “Light” + “Suffix”

2. “Please” + “Turn_on” + “Where” + “Light” + “Suffix”

3. “Please” + “Turn_on” + “Where” + “Television” + “Suffix”

4. “Please” + “Turn_on” + “Television” + “Suffix”

5. “Please”+“Turn_on”+“全部设备：通配符 20 字”+“Suffix”

这样我们能优先保障电视和灯两个电器能被语音唤醒，其他没加入设置的电器则可以通过通配符和兜底方案的结合给出相应的回答，例如回复用户“请帮我打开冰箱”，这时候我们可以告诉用户“抱歉，我暂时无法打开冰箱，我会更努力去学习的”，这样设计的语音系统看起来会聪明一点。

以上的案例只是整个意图设计中的一小部分，还有很多细节需要根据实际情况进行设计。完成整个全局设计和意图设计后，我们应该邀请用户进行实践与测试，用户这时很有可能会用我们没想到的话语进行语音交互，所以要收集这些数据，尽可能地完善意图以及对话设计，避免产品上线后出现问题。最后，关于创建用户故事、撰写脚本和对话流程设计，可以阅读 Google 的 *Actions on Google Design* 和 Amazon 的 *Amazon Alexa Voice Design Guide* 两份文档以及相关的语音智能平台的官方使用文档，里面会更详细地介绍相关细节。

第5章

如何设计一款人工智能产品

5.1 新的设计对象

计算机的难以使用和普及需求，催生出交互设计这个术语，交互设计专门解决计算机如何更好地与用户交流互动的问题。设计师在设计计算机界面的过程中，也总结出一个新术语：以用户为中心的设计，即在设计时考虑用户的体验和感受。此后，“用户体验设计”这个术语逐渐扩散到各行各业，它所带来的价值让各个企业明白了提高体验的重要性——你的产品体验不好，用户就有其他竞品可供选择，所以大家开始关注用户体验，到后面也衍生出“服务设计”等专业术语。

但现在的用户体验设计存在着一个局限性：它的设计对象仍然是产品，它只关心用户在使用产品期间的体验，不关心产品对用户其他方面的影响。这是可以理解的，因为企业间存在着竞争，互通数据、分析数据需要非常高的成本。所以只关注自身产品体验好了，最大受益者自然是企业，并非用户。

辛向阳教授提出了一个新观点：EX（Experience），它跟 UX（User Experience）最大区别是：UX 构建的是每一件小事，EX 构建的是用户经历，基础是每件小事之间的联动。简单点说，人们生活中每天发生的琐碎小事不会被记住，例如吃饱睡好；但特殊的经历会被记住，例如在迪士尼公园的路上突然跑出来一群鸭子，你会记住那次惊喜。EX更多关注全局性，就像迪士尼乐园通过把控全局体验为游客带来惊喜。EX是个性化服务的基础，它会从多个维度包括用户画像和行为、场景和环境、上下文的理解（前面发生了什么事情，后面安排了什么事情）等为用户创造价值。

日本设计大师深泽直人也提及过类似的观点："每个设计对象都是一个元素，但这个元素需要放在一个大的环境中思考。轮廓是设计对象和周围介质之间的界限，是设计对象和环境的关联。把产品比作一个拼图的模块，有两种角度去看待它：一种是将其作为一个元素，看到的是单个物体的轮廓；另外一种是将其看成是整个环境中缺失的那部分的轮廓。如果单个物体的轮廓跟环境当中缺失的轮廓可以契合的话，我们的生活才是和谐的。如果这个契合没有做到，我们生活当中的这种和谐就会被打破，一切都会分崩离析。环境当中所缺失的这个部分的轮廓是可以找到的，只是需要我们用心去感受、去理解、去寻找。只有找到了这个缺失部分的轮廓，才能够去定义我们需要设计的东西的轮廓是什么。因此在设计的时候，我们必须要积极地去预测，我们所设计的产品会放在什么样的环境当中，然后再将这个产品的轮廓形式设计出来。我们需要做的是设计已经存在的物体之间的关系，无论是用物联网、大数据，或者是人工智能，这些概念都可以，但最根本的是物体之间的关系，我们一定要更好地去设计这些不可见的东西。即使是像水壶和茶壶这么简单的东西，也必须要契合环境。”

2018 年苹果全球开发者大会（WWDC）上，苹果新发布的 iOS 12 增加了一项 Shortcuts 技能，通过 Shortcuts，用户可以通过 Siri 执行任何应用程序的快速操作。在 Shortcuts 的编辑器中，它有一连串的连锁行动、一系列的动作类别，你可以随便拖动它们，然后它会按顺序执行。通过设定，Siri 会根据用户的使用习惯，在恰当的时间提供对应的行动建议，例如在早上提醒用户点咖啡，或是在下午提醒用户锻炼。用户仅需创建简单的语音命令，就能开启复杂的工作流程。这个新技能已经非常接近 EX 的理念，在未来的人工智能时代下，各种用户数据的打通使产品之间建立联系成为可能，产品设计可以考虑引入 IFTTT（If This Then That，即如果一件事发生了，那么就触发另外一件事）或者类似 Workflow（也就是 Shortcuts 的前身）的机制，站在用户的视角为用户带来更多的服务和体验。

当设计对象从单个产品转变到用户的经历和当前环境时，设计师不能只考虑自己的产品体验，应该从大局出发，思考每个产品之间的联动，考虑不同场景下自己的产品如何服务用户以及如何与其他的产品联动。产品设计从单体变成一块需要考虑兼容上下左右外部环境的拼图，这对设计师来说是一个全新的挑战。

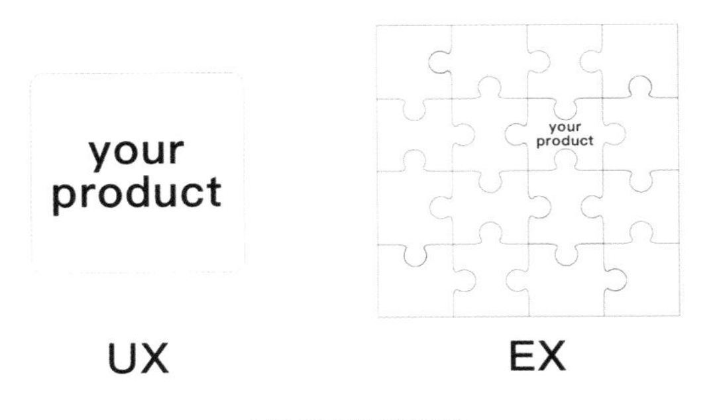

UX 和 EX 的区别

5.2　参考与人类交流的方式

人工智能为个性化服务带来新的可能，要想设计一款更友善、更像人类的产品，需要先来看一下人类是怎么交流的。人与人之间的交流分为双向交流和单向交流（单向交流指对方可以给予简单的反馈，甚至不需要提供反馈），双向交流包括了提问和回答，单向交流包括了指令、陈述和接收信息。

提问和指令不太一样。提问是因为自己不知道，希望对方能提供相关的完整答案（这里忽略明知故问和反问两种带有目的性的情感交流）；指令更多是指上级对下级的指示，使用者知道对方能做什么，希望对方能帮助自己完成某项任务，对方完成后的反馈可能非常简单，一句“OK”“搞定”“对不起，我还做不到”已经能表达清楚，所以指令的反馈不需要太多内容。陈述的意思是我将信息传达给你就完成了，你可以不给予我反馈，例如演讲、授课、讲述内容等。接收信息则是多渠道的，包括了听觉、视觉、触觉，甚至是嗅觉和味觉。

随着信息的增加，当其超过人类的记忆容量时，人类通过交流获取信息的效率逐渐降低，他们开始将信息通过各种方式记录保存下来，到后面逐渐出现了书籍。随着技术的发展，人类获取信息的方式也在逐渐增加，收音机、电视、计算机、手机逐渐出现在我们的生活中，我们先来看看人与不同媒介交流信息时有什么不同，再来推断人工智能能做什么。

人与不同媒介交流信息的方式

方式 / 媒介	人	书	收音机	电视	计算机	手机	人工智能
提问	多种	—	—	—	搜索信息	搜索信息	多种
回答	多种	—	—	—	被动提供用户数据	被动提供用户数据	被动提供用户数据
指令	多种	—	频道，声音调节	频道，声音调节	多种	多种	多种
陈述	多种	—	—	—	—	—	—
接收信息	多种	阅读	聆听	观看聆听	观看聆听	观看聆听	多种

从表格可以推断出，人工智能要做到与人正常交流需要在提问、回答、指令、接收信息四个方面有所深造：提问更多是指人

通过语音、文字、肢体动作等对话方式向计算机提出问题（语音是最快、最直接的表达方式），计算机理解问题后给出正确完整的答案。回答更多是指计算机需要通过如传感器、用户事件监听等隐形手段获取更多的用户数据，这样能更好地了解用户。指令更多是指用户通过语音、界面和肢体动作发出指令，计算机理解指令后完成一系列的操作。接收信息更多是指用户给出问题和指令后，计算机如何提供正确的答案和反馈。

5.3　人工智能设计八原则

我总结了八条设计师需要注意的原则，供设计人工智能产品时参考：

（1）个性化：产品能够根据用户的个人喜好以及周围环境进行自动调整。

（2）环境理解：用户所处的环境是对用户的行为进行推断并提供符合需求服务的必要信息，所以未来的人工智能设备应该能够理解当前用户活动发生时的环境并给出相应的反馈，环境包括了用户的位置、身份、状态等信息，以及物理世界和数字系统的信息（环境理解也就是我们常说的上下文理解）。

（3）安静：设计产品时应该尽可能减少设备所需的注意力，设备可以主动和用户交流但并不需要时常和用户说话，所以设计时应该考虑用户注意范围的边缘，避免产品经常打扰到用户。未来的产品大部分时间应该能为了满足用户的利益而行动，不需要用户时常做有意识的操作（安静地融入环境并自动运行）；当用户需要和它交互时，它则能够对用户的行为做出推断并及时做出响应（主动与用户进行交互）。

（4）安全“后门”：尽管人工智能设备越来越“聪明”，能自主完成更多任务，但是一出问题时，自动完成任务的失效可能会导致不同程度上灾害的发生，所以我们要考虑给用户多条可以重启系统的“后门”，例如设备出现问题时系统仍然可用，用户可以手动将系统修复；或者留一个安全开关，用户可以迅速将设备关机重启。

我认为以上四点是设计任何一款人工智能产品都需要注意的，如果你的产品需要和人经常互动，那就要考虑机器和人如何交流。在上文已经讲到人与人之间如何交流，如果牵扯到辈分、利益等关系，人类之间的交流务必会产生情感上的交流，在交流时最能表达情感的是态度和语气，人和机器的交流也毫不例外。人工智能需要学会与人类交流时，根据不同场景和对话内容采用合适的态度和语气。在交流中，机器更多承担的是下级以及朋友的角色，直白点说，其定位就是要你干嘛就干嘛（准确性）；要你做就赶紧做（即时性）；说你不对就得改（自我学习与修正）；不能顶嘴（有礼貌）；尽管“我”对你很苛刻，你也要对“我”像好朋友一样（人格设定）。结合交流方式和情感表达，设计一款面向用户的人工智能产品时需要注意以下四点：

（5）准确性和即时性：需要听懂用户的问题和指令并立刻给出准确的答案或反馈。准确性和即时性是人工智能最基础的能力之一，多次回答错误显得人工智能很愚蠢，用户会逐渐对人工智能失去信心和信任。在技术不成熟的时候，可以引入天然呆、冒失女等智商不高但又很懂卖萌的角色性格弥补技术上的缺陷，这样可以通过打情感牌减少用户愤怒甚至失望的情绪。

（6）自我学习与修正：当人工智能不知道答案和操作时，除了给出抱歉的反馈外，更多需要的是通过自我学习能力来修正自己的数据库和扩充自己的知识图谱，避免多次惹恼用户。还有一点是，当机器出现问题而且不能进行自我修正时，一定要预留安全“后门”。

（7）有礼貌：及时回复、不重复说话、不反驳、不打断用户的说话和操作都属于礼貌问题，就像人类一样，有礼貌的人工智能才会受用户欢迎。在不重复说话上，日本的一款专为宅男定制的家用智能化全息机器人 Gatebox 做得还不错，当里面的虚拟形象 Azuma Hikari 听不懂用户说的话时，她会通过神态、语言和肢体动作的结合给出数十种听不懂的反馈，是一个很不错的案例。

（8）人格设定：为了避免在交流中过于死板或者态度语气频繁变化，设计师应该针对不同用户群体为人工智能赋予不同的角色与性格。例如针对二次元宅男群体，赋予人工智能傲娇、元气等性格；针对成熟女性群体，赋予人工智能温柔的管家角色。尽量不要赋予人工智能老板、父母、老师等角色，因为指令这些角色干活时，会让人感觉到尴尬。如何快速了解用户的个人喜好和性格？我认为可以参考心理学相关的调查问卷进行了解并根据结果为用户设计完整的人工智能人格。在整个设计过程中，要保持人工智能的人格统一，无论是话术还是动作都要有严格的人格规范在背后做支撑，这样的人工智能才不是精神分裂的人工智能。微软小冰在日本的角色定位是“话非常多的高中女生”，深受日本用户欢迎。人格规范就跟设计规范一样，只有规范统一了，产品的体验才是统一的。

5.4 简化人工智能的理解

目前的人工智能更多属于技术领域，对于大部分设计师来说是陌生的，解释起来可能比较费劲，如果将人工智能比作人脑并抽象概括，可以分为三大模块——记忆、思考和行动，这样会好解释一点。

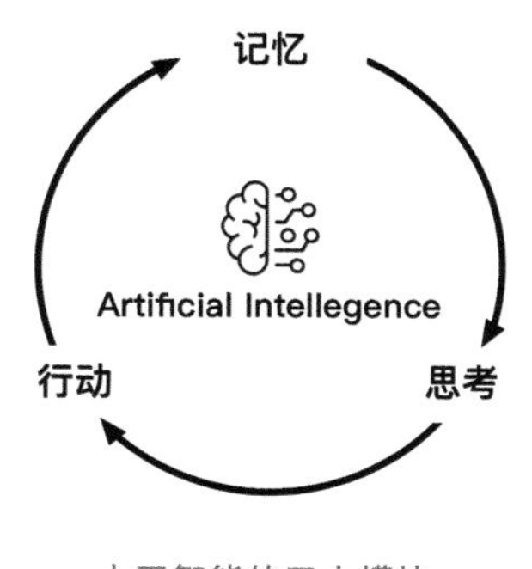

人工智能的三大模块

在我看来，交互设计师设计的行为都是具备目的性的。在心理学中，目的性属于意识的一部分，而记忆、思考和行动都是影响人意识的重要因素。如果我们要设计一款人工智能产品，尽管现在的技术还不能做到让它像人类一样有意识，但我们可以看一下记忆、思考和行动是如何影响产品设计的。

5.4.1　记忆

记忆相当于计算机的数据，属于人工智能三大要素之一，也属于有意识行为的最底层。若想优化行为，增强记忆是必不可少的。以现状来说，合作共赢打通各种数据是增强记忆的途径之一，通过不同领域的数据对用户画像进行补充，从而加深对用户的理解。

另外一个途径是系统平台以第三方记录员的角色获取用户的行为和数据，这种方法适用在只有简单行为的系统平台上，例如 Alexa 语音系统[①]。如果将 Skill（语音软件应用术语）比作人类，而我充当 Alexa 的角色，那么每当用户和不同的 Skill 对话时，我都会记录保存他们的对话。在整合所有对话记录（拥有所有记忆）后，即使我不知道用户和 Skill 各自在想什么，但我能从对话记录中判断出用户是一个什么样的人，他想要什么。就像我可以从一个陌生人与别人的交流中判断出他的为人和性格。

① 目前 Alexa 已拥有界面和语音系统。

由于和语音系统的交互只有语音对话这种方式，而且对话内容质量高（简单直白），这为记录用户的行为提供了很大帮助。语音系统只需要在语音合成（喇叭）和语音识别（麦克风）上增加记录接口，就可掌握每个 Skill 与用户对话的内容，通过对话内容转换成有用数据，就可以拥有该用户的画像。

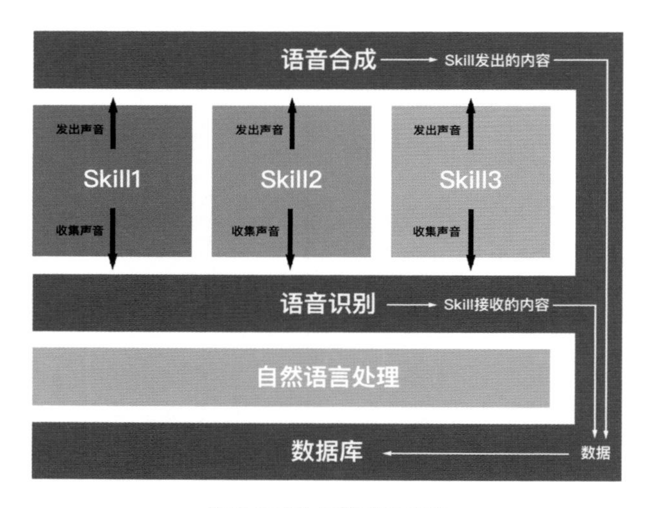

语音系统数据管理概念图

相比语音系统，界面系统就很难做到这一点。由于用户都是通过点击触摸的输入方式与界面系统交互，系统很难知道文字、图片的内容和关系是什么，很难断定用户在做什么，所以界面系统应该通过与每个应用共享数据的方式了解用户更为合适。

每个产品可将自己的数据分为共享和隐私两种模块，共享数据模块可供系统和其他产品使用，这样有利于产品之间的数据互补，从而促进自身发展。最重要的是，这种做法能为人工智能系统提供更完整的数据（记忆），有助于刻画用户画像，促进人工智能发展。

5.4.2 思考

思考是连接记忆和行动的桥梁，也是人工智能最核心的部分：如何将数据转化为有用的信息加以利用。人会思考是因为人脑拥有一个“记忆 - 预测”模型，简单点说就是人可以通过感官将信息存储在大脑里，下次碰到类似场景会预测相关事物并给出反应。举个例子，乒乓球应该是最快的球类运动，一个来回只有 1 ～ 2 秒，选手需要在很短时间内判断球是上旋、下旋还是侧旋，以及预测出球的速度和轨迹，最后思考采用哪种击打方式、击打力度和击打方向取得胜利。这种球感是通过长期的“记忆 - 预测”训练得来的。

再举一个例子——直觉。直觉也是一种预测，它是基于记忆、知识和环境所产生的一种速度快到让你难以置信的思考方式。毫不夸张地说，人类能从躲避凶猛野兽的远古时代活到现在，直觉功不可没。

由于技术仍未成熟，目前的产品基本做不到思考这一点。当产品本身不懂思考时，就对自己该做什么没有意识，甚至导致用户与产品无法交流。为了避免这种情况，各个企业需要找专门的人才替代计算机梳理数据并设计各种行为，在产品背后出力，使产品看起来“能思考，懂预测”。

人工设计的产品预测能力有限，基本使用在一些小细节上。下面是几个例子：

（1）用户在淘宝网购填写收货地址后，产品会收录该地址；下一次用户网购时，产品预测用户在很大概率上会使用上一次填写的收货地址，故默认为用户选择上次填写的收货地址。

淘宝订单确认页

（2）腾讯视频预测用户的下一次回访，很大概率是为了继续观看上次没看完的电视剧，从而把部分历史记录如“你正在追的”放在首屏，用户能直接观看上次看过的电视剧。

腾讯视频播放记录

（3）如果用户在某时间段使用某款产品频率较高，在同一时间段内 iOS 会在锁屏页右下角显示该应用图标，方便用户直接打开该应用。

以上几个案例都是通过简单的“记忆 - 预测”优化产品流程，在一定程度上降低了用户使用成本，提高了用户体验。而以下这些案例都是通过“记忆 - 预测”增加产品收益的：

（1）亚马逊、京东都会通过用户的浏览记录和购买记录预测用户需要的商品并给出相关推荐，在一定概率下促使用户能多购买一件商品。

（2）百度、今日头条都会通过用户的浏览记录不断优化FEED流文章，越到后面推荐的文章越精准；对推荐的文章感兴趣，用户使用产品的时长就会逐渐增加，浏览到的广告也会随之增加。

毫不夸张地说，预测是人工智能产品设计时最需要考虑的因素，它往往决定了系统和流程的复杂程度。用户行为预测得越准，产品可以为用户省下更多操作流程；用户需求预测得越准，可以为产品带来更大的收益。如何又准又快地预测出用户行为和用户需求并做出响应，是人工智能时代设计好坏的衡量标准之一。

5.4.3 行动

相比起底层的记忆和思考，设计师关注更多的是人工智能产品如何与人交流互动，如果人工智能的能力越来越厉害，那么会对行动的设计带来什么样的影响？

以下是我整理的结论，前面三点都是环环相扣的：

（1）简化流程（行动）；

（2）替用户思考下一步操作是什么；

（3）根据当前环境、记忆设计流程；

（4）开始考虑小众需求，设置流程分支；

（5）结合语音用户界面一起设计流程。

简化流程，结合当前环境和记忆替用户思考下一步操作

前文也提过，当人工智能的预测能力增强，部分流程的设计

就可以简化。如果能通过环境和记忆预测出用户需要什么，整个操作流程能进一步简化。后续设计时应该结合人工智能能力展开设计。以下是我设想的几个相关案例：

（1）当用户走进一家优衣库，优衣库通过 NFC 技术与用户的手机交换信息，摄像头开始留意用户的行动。如果用户在一件裙子面前停留很久却没购买，用户离开时优衣库会将裙子信息发送到用户手机。过了一段时间裙子降价时，优衣库还会将裙子的优惠信息和购买链接推送给用户。该案例是结合线上、线下行为或信息进行推荐。

（2）用户收到了周四上午要去纽约开会的邮件，该邮件相关信息已录入到用户日程里。当用户打开携程购买机票时，携程会访问日程信息并为用户推送关于周四前飞往纽约的特价机票信息；当用户购买机票后，携程会根据会议地址为用户推送相关酒店业务。该案例是通过多产品信息联动，减少操作流程。

（3）用户在肯德基打开支付宝，支付宝通过 NFC 技术或地理位置信息将肯德基卡包信息前置到首页，方便用户使用。该案例是结合地理位置进行推荐，减少操作流程。

（4）淘宝可以根据用户购买生活用品（特别是纸巾、洗发水和牙膏等消耗品）的频率，判断用户当前是否需要再次购买该用品，若需要则推送相关广告。在线下领域，永旺商场很早之前就有类似做法，当判断会员的生活用品用完时，商场会电话联系会员询问是否需要继续购买该生活用品。

（5）部分城市的地铁开始支持手机刷卡，后续可以根据用户上下班入站、出站的规律，提前一站告知用户做好准备。生活中很多市民坐地铁时都会玩手机看视频，有些会提前几站开始张望留意现在地铁到哪，有些则在突然知道到站后立刻跑出去，有些甚至太入迷于手机导致坐过站。提前一站告知用户准备下车，能较好提高乘坐地铁的体验。

开始考虑小众需求，设置流程分支

由于设计师无法满足全部用户的需求，为了更好地服务大众群体，只好选取大众需求进行设计，并将大部分用户行为化繁为简，将产品设计为统一固定的流程。但固定的流程不一定就能很好地满足用户的需求。以常见的电影售票应用为例，如果将售票应用比喻成售票员，有可能会发生如下对话：

用户：5—7 点之间有什么电影可以看？

售票员：你是不是先选个电影院？

用户：那就选附近的吧。

售票员：附近有两家。

用户：那就选最近那一家。那 5—7 点有什么电影可以看？

售票员：你应该先选看哪部电影，再看看它有没有 5—7 点场次的。

用户：……

其实售票应用完全可以通过筛选后，将全市 5—7 点上映的电影告诉用户，用户再根据自己的状况选择影院。但是现在的售票应用做不到这一点。固定流程在一定程度上满足了大部分用户的需求，但购票体验不一定是最佳的，因为固定流程无法预测用户优先考虑什么，是先选时间还是先选地点？还是先考虑电影类型？这也导致前几年不同购票应用有些优先选择电影院，有些优先选择电影，其实这些购票流程都是合理的，只不过有的流程会有更多用户选择。

刚刚的例子算不算伪需求？还真不是，这只是小众需求而已。现在很多做不出的小众需求被认为是伪需求，这种理解是片面的。因为“千人千面”，每个人都有自己独特的需求，往往这些小众的个性化需求，才是人工智能时代设计师需要解决的。

在未来，固定流程会很难满足用户的需求，因为用户的思维是活跃不固定的。在做产品设计时，应考虑各种大众、小众场景的存在，并将每个流程模块化，方便管理和调用。只要满足条件，每个支流程将有可能成为主流程。这其中最考验交互设计师能力的一点是，产品的模块之间如何做到无缝切换，避免出现异常。

结合语音用户界面一起设计流程

在很多方面语音用户界面（Voice User Interface，VUI）的效率都远高于图形用户界面（Graphical User Interface，GUI），例如设置闹钟、查看天气等操作命令。VUI 和 GUI 的结合已经不是新鲜事，例如 Siri、Google Assistant、Cortana、Bixby，以及最近推出的 Alexa 屏幕版 Echo Show。在 GUI 的基础上增加 VUI 有助于简化整个导航的交互，可以做到无直接关系页面的跳转，例如以命令的形式导航去其他应用的某个页面。在 VUI 的基础上增加 GUI 可以使选择、确认等操作得以简化，尤其是用 Echo Show 进行购物时。

5.5 从 GUI 到 VUI

为什么要将 GUI 转换为 VUI？原因有以下两点：①现有互联网的绝大部分内容和数据都与 GUI 的信息架构和代码有关，所以我们没有必要为两个界面做两套内容；②这有助于人工智能助手的发展。如果我们要将 GUI 内容转换为 VUI 内容，必须简化当前信息，使信息压缩为 200 ～ 300 字每分钟或者 3 ～ 5 字每秒。

目前的人工智能还无法实现图片理解、情境感知等技术，要将大部分 GUI 内容自动压缩并转换成自然语言绝非易事，所以需要人为制定一些转换策略。

在转换策略上我们可以借鉴成熟的无障碍规范指南——a11y，其部分内容是为视障人士提供帮助的，可以将界面内容转换为声音内容，有以下三个准则可供借鉴：

（1）可感知性：信息和用户界面组件必须以可感知的方式呈现给用户。

（2）适应性：创建可用不同方式呈现的内容（如简单的布局），而不会丢失信息或结构。

（3）可导航性：提供帮助用户导航、查找内容并确定其位置的方法。

解释：

（1）在可感知性下面有一条非常重要的准则：为所有非文本内容例如图片、按钮等提供替代文本，使其可以转化为人们需要的其他形式。现在的通用做法是为图片、按钮等非文本内容增加描述性内容，例如在 img 标签上增加 alt 属性，在 input button 标签上增加 name 属性。开启无障碍设置后，视障人士通过触摸相关位置，系统会将属性里的文字朗读出来。

以京东的广告为例，应该在 alt 属性上加上简洁的内容“12 月 14 日 360 手机 N6 系列最高减 600 元”，当 VUI 阅读该内容时可以将广告重点朗读出来。

京东广告

在这里我有一个新的想法，以下图为例：粉红色区域为一个小模块，图片、副标题、时间和作者等信息对于必须简化信息的

VUI 来说都不是必要信息。那么，是否可以在 div 标签上增加一个“标题”属性，当 VUI 阅读到该 div 时可以直接阅读该属性的内容，例如标题内容；如果用户对作者感兴趣，可以通过对话的形式获取作者信息。

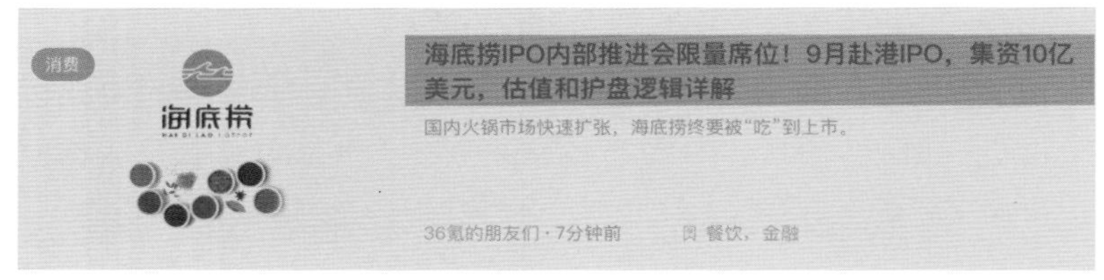

36Kr 官网

（2）以淘宝为例，下图的内容普通人花几秒钟就可以看完；如果以 VUI 的形式进行交互，那么首先 VUI 不知道从哪开始读起，其次是用户没有耐心听完全部内容。为什么？因为 GUI 的结构有横、纵向两个维度，VUI 结构只有一个维度，用户在 GUI 上的阅读顺序无法直接迁移到 VUI 上，所以 a11y 希望页面设计时可以采用简单的布局，GUI 和 VUI 采用相同的结构，避免丢失信息或结构。

淘宝官网

在可导航性上，a11y 希望网页提供一种机制，可以跳过在多个网页中重复出现的内容模块。在这里我也有新的想法：可以直接跳过无须朗读的内容模块，例如淘宝的导航、主题市场、登录模块，因为用户使用淘宝 VUI 主要需求为搜索物品和获取优惠信息。同理，是不是可以在 div 标签上增加一个“跳过”属性，当 VUI 阅读到该 div 时可以直接跳过，当用户有需求时，可以通过对话的形式对该 div 里的内容进行交互。

最后我还有另外一个想法：是否可以为大段内容如新闻、介绍等增加“文本摘要”属性，当 VUI 阅读到该标签式，自动使用文本摘要功能。

结合以上三点思考，GUI 在转换为 VUI 时以“概括”“跳过”的方式可以大大地简化信息，使 VUI 拥有一个良好的体验。以上“标题”“跳过”和“文本摘要”三个属性需要 W3C、Google、苹果等组织统一制定标准。

人工智能时代 GUI 和 VUI 的发展会越来越快，研究和探索它们是一件非常有趣的事情。我认为在未来几年里，个人智能助手的成熟会使 VUI 和 GUI 的结合越来越紧密，它一定会直接影响到未来几年移动交互的发展。

第6章

未来五年后的设计

未来五年里将有两项技术颠覆用户的生活。一项是量子计算，它将为云端和终端提供更快的运算速度和更强的运算能力；另外一项是5G，它将革新现有的带宽容量，实现海量数据的实时传输。两项技术都会直接推动AI更快地发展和落地，实现数字世界和物理世界的融合。

中国正在往发达国家努力靠近，而发达国家的第三产业即服务业比较兴盛，包括交通运输业、商业、餐饮业、金融业、教育产业、公共服务等，所以中国在未来五年的服务业将有明显的提升。AI也将助力中国服务业的发展，其技术扩散的速度将会逐渐加快，各个领域都能运用人工智能、物联网、虚拟现实和增强现实等最新的技术。在未来，更多领域以及行业需要用到界面设计、人机交互设计等技能，各行各业的设计师需要掌握以上技能才能更好地服务当前业务。下文尝试以智慧城市设计、新零售设计、家的设计三个方向为例，描绘未来的设计是怎样的。

6.1 智慧城市设计

在很早以前，城市的规划和发展都由统治者决定，每座城市的总设计师需要对整个城市有详细的规划，例如发生战争时如何防范，以及它的人口规模、地理环境、周边信息等，可以说城市规划需要结合各种数据进行设计，如果设计不当将会对未来整个城市发展以及市民生活体验带来严重的影响。例如，中国的下水道系统设计整体较差，导致很多城市在暴雨天气下瞬间变成一个个“水上威尼斯”。

城市设计更多需要处理大规模复杂的信息，在这方面 AI 比人类更有优势。以城市交通规划为例，在 2017 年的云栖大会上，阿里提出的智能治理城市方案正式发布，城市大脑 1.0 接管了杭州 128 个信号灯路口，试点区域通行时间减少 15.3%，高架道路出行时间节省 4.6 分钟。在主城区，城市大脑日均事件报警为 500 次以上，准确率达 92%；在萧山，120 救护车到达现场时间缩短一半。城市大脑的“天曜”系统能 365 天 24 小时通过已有的街头摄像头无休巡逻，释放警力 200 余名。

在未来，人工智能将逐步落地到智慧交通管理上，无人驾驶能有效解决人身安全存在风险、资源利用率低和交通拥堵等问题，AI 监控摄像头和无人机将替代交警巡逻实现全自动化管理，交通数据有了更大的提升，用户也将得到更好的出行服务体验。除了城市交通，城市能源、供水、建筑等基础设施的信息也会在云端被全部数字化，更多的数字监控平台将接管城市管理的工作。

在未来，由于会有更多的数字平台进行城市管理，因此需要有更多的设计师间接参与到智能城市管理工作中。每一个操作流程的设计都需要非常谨慎，因为一个设计出问题，可能导致管理人员出错并间接导致数字平台出错，使城市出现各种异常，给市民带来生活上的不便。关于平台设计不当导致悲剧发生，有一个经典的案例[①]。在 1988 年的波斯湾，正在巡航的美国海军巡洋舰“文森斯号”收到有不明飞机迫近的信息，但是从雷达屏上很难区分这架飞机是在爬升还是俯冲。军舰上的人错误地判断这架飞机正在向他们俯冲，因此认为是一架逼近的敌机。同时，飞机上的驾驶人员又没有回应军舰发出的警告，舰上人员的生命悬于一线，时间十分紧迫，舰长决定向敌机开火，士兵们毫不犹豫地执行了舰长的决定。非常悲哀的是，那架飞机是一架伊朗的民航飞机，该飞机当时并不是俯冲，而是在爬升的阶段。正因为雷达屏的设计和表意不当，以及形势混乱致使美国海军做出了错误判断，最终导致数百人的丧生。因此设计数字监控平台的重任将落到设计师身上，设计师一定要非常熟悉人因学和相关的业务。

关于平台和系统设计，相信大家对《钢铁侠》里的 Jarvis 系统并不陌生，它主要通过数字孪生技术（Digital Twin) 实时将钢铁侠盔甲的状态以 AR 的形式展现给 Tony Stark。数字孪生技术是一种将物理世界映射到虚拟世界的仿真技术，它利用物理模型、传感器更新、运行历史等数据，集成多学科、多物理量、多尺度、多概率的仿真技术，将物理世界的信息实时同步至虚拟世界，有助于计算机实时管理、模拟和预测发现物理世界中的问题。人主

① 该案例来自 C. D. 威肯斯和 J. D. 李所著的《人因工程学导论》第一章。

动发现问题变成问题主动找人，数字孪生技术简化了大规模复杂系统的监控流程；同时，将管理交给计算机可以降低复杂系统的学习成本，便于更早地发现问题并提前进行处理。在现实生活中，美国国防部在很早之前就已经在使用数字孪生技术了，该技术被用于航空航天飞行器的健康维护与保障上。美国国防部在数字空间建立真实飞机的模型，并通过传感器实现与飞机真实状态完全同步，这样每次飞行后，根据结构现有情况和过往载荷，及时分析评估是否需要维修，能否承受下次的任务载荷等。

《钢铁侠》电影中数字孪生以 AR 技术展现

相信在不久的将来，数字监控平台、数字孪生还有 AR 等技术将逐步落地到智慧城市的建设上，整个智慧城市管理将变得更直观和方便，有助于城市管理者提前管理和控制风险，降低城市出现混乱的概率。对设计师来说，未来数字平台的设计将会变得更有趣和更具挑战性。

6.2 新零售设计

未来的购物商城有两点可以改进：第一点是如何与其他商家合作共同盈利；第二点是如何通过服务设计和技术改善自己的服务，吸引更多消费者。

6.2.1 打通商城闭环，共同盈利

第一点大家可能会觉得奇怪，是指要和竞争对手合作吗？不是的，而是和其他领域的商家一起合作，实现“有钱大家一起赚”。

从团购模式的百“团”大战开始，我认为整个中国消费行业出现了一个很大的问题，大家都通过团购公司的补贴降低自己的价格，从而通过低价吸引用户的眼球。团购公司之间的恶性竞争和疯狂补贴导致严重烧钱，最终剩下美团点评和阿里巴巴两个巨头还在相互竞争。当巨头不再补贴时，很多依赖补贴的商家很快就支撑不下去最终倒闭；还有一些商家自欺欺人，将原价 199 元的价格抬高到 399 元，再说目前是优惠价 199 元，欺骗消费者。

如果说之前的补贴是单点的补贴，当团购公司的补贴消失时，这个单点也会消失。那么能不能考虑把多个单点连接起来，让每个点服务每个点，使每个单点的存活性加强？这样一来当团购公司的补贴消失时，每个单点都能扶持其他单点。

以我周末逛商城的场景为例，首先我会提前购买商城影院的

电影票，快到放映开始时打车去购物商城，取票前先买一杯饮料再进场。看完电影已经到吃饭的时间了，这时候我会考虑在哪吃饭，然后翻了好久大众点评才能决定。

以下是我的设想：既然要补贴，那就实现整个商业闭环的补贴。例如，可以在消费者买完电影票时推送饮料和餐饮店的优惠券；当消费者购买了餐饮店的团购券，可以推送一些服饰类优惠券；而当一些女性消费者购买完衣服时，再推送一些甜品店优惠券。

商家之间相互推送优惠券促进用户消费的机制利用了以下两点：①打折这个概念对很多消费者来说具有较强的吸引力；②将用户主动查找优惠券（使用频率低、寻找时间长）转换为商家主动推送优惠券（每次消费完都有相关的优惠券推送，使用频率会上升，寻找时间降低）。利用这两点，不仅能把整个商城的闭环打通，而且能提高用户在商城的消费。

这个设想也符合第 5 章提到的“以用户经历为中心的设计”。后面我们做商业设计时，就要考虑消费者在商城的经历是什么，以及如何利用这个经历优化设计。

6.2.2　如何通过服务设计和技术改善自己的服务

其实如何改善自己的门店和服务也是非常重要的。消费者的闲逛路径一般包括以下几点：进店前、进入门店、与店员或导购设备互动、离店，设法将一名路人转换成消费者，其实跟“漏斗模型”的使用差不多，我们可以结合数据分析、服务设计和人工智能等方法为用户带来更好的体验。

进店前

当用户在商城闲逛看到感兴趣的品牌或者商品时会在店铺门前停下来。那么，如何吸引消费者观察店里的商品？可以考虑用各种办法将消费者引进店内，除了派发传单或者优惠券，还能在商城内投放商家广告和 logo，甚至这个 logo 可以是 AR 识别的载体，能指向该商户所在位置。在门店橱窗，还可以通过大屏电视播放短视频和图片的方式告诉用户最新推出的产品以及打折信息，甚至可以考虑加入计算机视觉技术识别哪些路过的消费者在门店前出现的次数最多或者停留时间最长，哪些消费者曾经在店里或者其他连锁店消费过，从而辅助店员更有目标地指引消费者到店里消费。

进入门店

在 2013 年苹果就提出了 ibeacon 的概念，店家可以通过 ibeacon 向消费者手机推送一些商品信息，从而促进消费。但 ibeacon 一直没流行起来，这是有原因的。消费者在闲逛的时候是不看手机的，如果一直推送会强迫消费者经常拿起手机看信息，这时消费者究竟是该闲逛还是看手机？所以应该用更合适的方式引导消费者进行消费。例如，只有当消费者走进门店后，计算机才会自动推送相关的优惠信息给用户。还有一种比较有趣的做法，我们都听过沃尔玛啤酒和尿布的经典营销案例，如果能通过数据挖掘的方式找到每个商品之间的关系，再通过计算机视觉技术掌握消费者拿了什么商品，这时就可以及时地向用户推荐相关联的商品，或许能提升全品类商品的销售量。

与店员或导购设备互动

店员或导购设备都能为消费者提供更好的服务和建议，是整个服务设计闭环中最重要的一部分。当前线下零售最大的数据缺失就是不知道消费者在挑选过程中，接触过哪些商品，挑选的过程是什么。在人工智能的帮助下，当我们用计算机视觉技术发现部分消费者在门店里长时间逗留却没消费的时候，可以提醒相关的店员走过去为这些消费者提供帮助；如果消费者曾经在店里消费过，计算机还可以根据该名消费者的用户画像判断他喜欢的类型是什么，然后让店员为消费者推荐更多商品。如果我们能把整个购物中心的数据进行整合，那么消费者的用户画像将会准确得多。

关于导购设备，可以参考以下例子。在 2018 年 7 月，阿里巴巴与国际知名服饰品牌 Guess 合作，在香港落地了全世界第一家人工智能服饰店——“FashionAI 概念店”。FashionAI 学习了 50 万套来自淘宝达人的时尚穿搭，归纳出一整套理解时尚和美的方法论，可以为女性消费者提供合适的穿搭建议。消费者只需要在概念店门口扫码登录，即可开始自己的购物之旅。在店里，当消费者随意拿起任何一件衣服，货架边的试衣镜就会感应到它并给出若干种搭配组合；同时消费者会发现他们曾经购买过的衣服、鞋子也会显示在试衣镜上，FashionAI 会根据消费者的在淘宝 / 天猫的历史消费记录，为消费者提供相关的穿搭建议。当消费者在试衣镜上选好尺码、型号并确认试衣后，就可以直接到试衣间等待，售货员会把相应的衣服拿到试衣间；当消费者通过扫码的方式确认购买后，可以选择在店里提货或者快递到家，然后继续开心地逛下一家商店。

FashionAI 概念店

离店

当消费者要离开门店的时候，可以请求消费者将这次消费体验分享给朋友，或者让消费者对这次消费体验进行评分。相应地，我们还可以送出更优惠的打折券期待消费者下次光临，或者送出带有品牌印记的小礼品。

在未来的整个消费过程中，商家可以在人工智能、大数据分析以及服务设计的基础上，对自身的运营数据进行更精准的店铺运营分析和消费者分析，从而预测自己商品的销量变化趋势，结合店铺自身情况提前调整备货。如何在整个服务链路上增加人工智能技术和大数据分析技术，也是设计师在设计流程时需要考虑的。

6.3 家的设计

不知道大家还记不记得《哈利·波特》里的画像“胖夫人”？她不仅能说话，还能串门到其他壁画里聊天。在现实世界中，2015 年一款名为 Atmoph Window 的智能壁画登陆众筹网站 Kickstarter。从外观上来看，这款产品只是一幅简单的壁画，但是它的内容能随意切换，还能发出配合壁画内容的真实声音。例如，当 Atmoph Window 上显示的是曼哈顿繁华的街道，其就能够真实呈现车水马龙的喧嚣；如果显示的是壮观的尼亚加拉瀑布，则能够发出水泻千尺撞击地面的声响……你只需要静静地坐在 Atmoph Window 前，它就能带你看遍人世美景。

Atmoph Window

除了画像“胖夫人”，“韦斯莱时钟”也成了现实。当哈利第一次去罗恩家的时候，在陋居客厅里看到了墙上挂的“韦斯莱时钟”，时钟上没有数字，它的每个指针指向家族的一个成员，罗恩的妈妈韦斯莱夫人用它来提醒自己还有什么事没完成，同时关注家人在做什么。2017 年众筹网站 Kickstarter 出现了一款名叫 Eta Clock 的时钟，它可以实时显示用户的位置。表盘上每一个彩色指针都代表了一位用户所在意的人，而表盘的数字部分则用于显示目的地，例如“工作场所”“健身房”或者“学校”。当然这个时钟靠的不是魔法，而是手机 GPS 定位追踪，通过 App 将用户的地理位置信息发送到 Eta Clock 上，对应的指针则会自动转动改变指示位置。这款神奇的“韦斯莱时钟”预计将在 2018 年年内交货。

Eta Clock

以上两个例子可以说是我小时候对神奇的魔法世界最有趣、最直观的印象，但彼时它们还不太可能出现在现实生活中。然而在今天，科技的发展已经到了能够取代甚至超越魔法的境界，我们能把类似的家居装饰实现，放到温馨的家里。

墙壁是家中不可或缺的元素，我们每天都生活在有四堵墙的房间里，通常我们会挂上照片、海报、名画等方式来装饰白墙，但很多人装饰一次后就很少再更换装饰品了，如何让白墙充满生命力？

我们换一个角度思考，如果能够通过增强现实的方式来装饰墙壁会不会更有趣一点？墙是已知的实体，只需要在上面投放虚拟影像，就能使其随时发生变化。用投影仪来增强效果是马上能想到的，它还有一个优势，只要设计稿里的边界用的是黑色，那么它投放出来的效果就是无边界的，能够完美和白墙贴合在一起（投影仪无法投射出黑光，所以设计稿里的黑色代表了白墙原本的颜色）。这时就可以充分发挥我们的想象力了：可以把白墙变成一扇窗户，观赏外面樱花飘落的公园；可以在墙上挂一副达•芬奇的《蒙娜丽莎》，偶尔她还会向你眨眼或者跳起舞来；还可以把自己家小孩的照片组合成一面照片墙，照片的切换能让你回顾孩子从婴儿慢慢长大成人的点点滴滴，非常感人。通过简单的投影设备，就能让你的白墙、你的空间拥有魔法，让你的家瞬间充满温暖和活力。

设计图和现实中的投影效果

最近有不少智能投影设备开始面向用户发售，例如可触屏的便携式投影仪 Puppy Cube，它能通过空间触控技术 Anytouch 把房间中的任意平面（如墙面、桌面以及地面等）投影为触控屏，并可实现10点触控。通过这项技术，父母可以和孩子在家里进行亲子教育或者游戏互动（投影仪还有一个好处是反射光不怎么伤眼，适合小孩使用）。还有一款比较有意思的投影仪是外形酷似台灯的Beam，你只需要把它插放到台灯灯座就能直接使用，随时随地享受信息交互带来的愉悦。例如在厨房做饭的时候，把Beam安装在桌台的灯座上，它就能在厨房桌台投影食谱，帮助你做出美味的菜肴。日本Vinclu公司开发了一款名叫Gatebox的全息投影仪，可以投出一个专为宅男定制的家用智能化全息机器人Azuma Hikari。Gatebox除了可以控制其他智能家居电器外，还能通过传感器检测人体的动作以及室内的温度变化，用户可以通过语音、手机应用的方式与Azuma进行交流，还可以通过Azuma的肢体语言判断“她”的情绪，Azuma先进的交友能力也使她更加人性化。

Puppy Cube

Beam

观看视频了解更多

Gatebox

投影技术能把众多数字信息映射到真实世界，与环境相结合，在未来的智慧空间中一定会起到非常重要的作用。试举一个例子：当我们把摄像头和投影仪结合使用，一堵墙就像变成了哆啦 A 梦里的传送门，把两个相距十万八千里的家庭连接在一起，帮助很多常年漂泊在外的年轻人实现了多回家看看的愿望。

通过投影仪和摄像头看到亲人

投影仪只是把墙当作屏幕，我们再把脑洞打开得大一点，能把墙当作触摸屏吗？迪士尼研究院与卡耐基梅隆大学一起合作开发了一款大型内容感知传感系统 Wall++，能把用户的墙改装成触摸屏。用户只需要给墙刷上他们特制的导电涂层，再粉上白石灰，最后安装一个传感器就大功告成了，而且看起来和普通的墙壁毫无差别。Wall++ 除了可以感应识别人体的活动状态（不触摸也能感知），还能通过捕获空中的电磁噪声，检测到处于活动状态的设备以及它们的位置；更有趣的是，它能通过跟踪人体移动来实时识别出你与智能设备的交互方式，例如你去开灯或者玩计算机，也会被 Wall++ 感知到。有了智能墙壁能做什么呢？你可以通过编程把墙变成各种开关，通过手势打开灯光或者解锁门的密码。甚至结合投影仪你就可以直接和投影在墙上的内容进行互动，当把你家的墙变成了 1∶1 的淘宝衣柜，就可以直接看到最真实的商品效果。在未来，当有更多设备进入我们生活中，我们的生活也一定会变得更加智能和有趣。

正如第 5 章所说的，机器应该站在用户经历的角度进行思考，学会和其他设备联动，获取用户数据并优化自己的行为。通过 IFTTT（if this then that）的设计思路，能让每个机器发生连锁反应，使用户的生活更为方便。以一个简单的生活场景为例：早上快到闹钟叫醒的时候，佩戴在身上的手环会根据用户的睡眠质量给其他智能硬件发出信号，房间的灯光开始模拟朝阳的变化逐渐变亮[①]，让用户在自然光的照耀下自然苏醒；同时，闹钟根据手环发出的信息给出不同的铃声叫醒用户；投影仪检测到用户起床后，开始播放用户关注的内容，例如天气预报、出门建议、新闻等。

日本设计大师原研哉对于未来的家也有比较前卫的看法。面对日本少子化的现象，原研哉认为每个人的生活方式不同，都有自己的生活重心，所以就不需要住在同样格局的房间里，人们可

① 松下、飞利浦、Yeelight 的部分智能灯已具有灯光唤醒功能。

以自由地为自己量身定做一个“住宅的形态”。如果你的兴趣是烹饪，你可以把最大的预算用到厨房，建一个以食为中心的家；如果你喜欢书，那就把每面墙都做成书架，让家像图书馆一样收藏书籍，你可以在家里静下心来畅游知识的海洋；如果你长时间在外，回家基本是为了睡觉，那就把重点放在卧室，挑选优质的床垫和被子，再装一个像电影院一样大而高品质的影像音响系统，这样就可以直接躺在床上看电影。

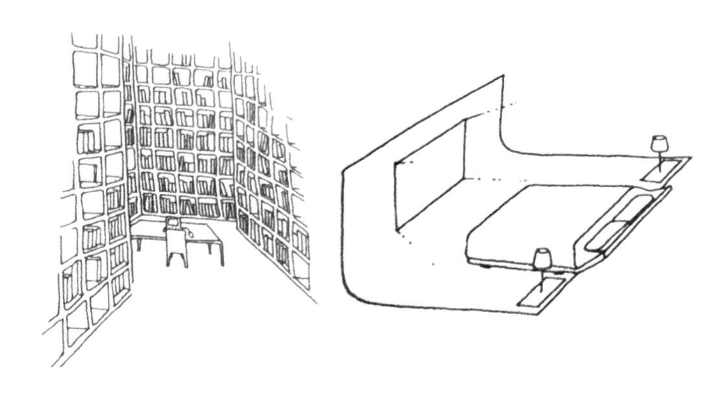

原研哉对未来的家的理解

在 2012 年，英国电视台 Chanel 4 拍摄了《未来之家》系列（可在网站搜索“CH4 未来之家”进行观看），旨在通过各种高科技让观众知道未来的家庭生活是怎样的，虽然 6 年过去了，但仍有很多高科技的智能硬件还没普及到千万家庭中。

最后，你可能会问，在家里使用这么多智能硬件不费电吗？其实在新能源的发展先驱地德国，随处可见屋顶光伏发电设备和田间路旁的风力发电机在源源不断地输出着电力。2016 年，以太阳能和风能为代表的新能源发电在德国电力的生产比例已经超过 30%。由于新能源发电量由天气决定，如果天气太好反而会导致电量存储过多，影响整个电网正常运作，所以政府积极鼓励居民多用电来解决这个问题。相信在未来，中国也会普及新能源发电，到时候电费就不成问题了。

第7章

他山之石，可以攻玉——跨界设计师采访

7.1 我们只是终身学习者而已

Shadow：我是池志炜，也是 Shadow，典型斜杠青年。2008 年毕业于上海交通大学设计学院景观设计专业，同济大学硕士。现在的身份是跨界设计师，从事过景观设计、旅游规划、房地产设计管理、参数化设计、用户体验设计、数据可视化设计等。同时我也是一名全栈开发者，这几年我自学了深度学习相关的 Keras、后端相关的 Node.js 和 Python，现在在设计圈比较有名的 ARKIE 担任产品经理 / 机器学习研究员，同时兼任上海交通大学景观设计课程的老师以及一些朋友创业团队的技术顾问。这几年也在做自媒体，公众号叫 Mixlab（微信号 Design-AI-Lab），知乎专栏叫《AI 设计修炼指南》，目前已经形成 500 多人的设计师及程序员跨界社群。

作者：你是几时开始自学开发的？为什么想学开发？在我的理解里，自学开发对设计师来说不是一件容易的事情。

Shadow：2008 年我一毕业就在自学 Python 和可视化编程，在很多景观项目中我会通过编程的方式来调整 CAD、Sketchup 里的三维设计。在 2013 年的时候我开始学习前端开发，后来跳槽到中兴担任高级软件开发工程师，主要通过 Node.js 来进行 Hybrid App 的开发，2016 年顺手学习了 React Native。到了 2017 年我换了一份工作，在招商银行做用户体验设计，从景观设计到编程开发再到用户体验设计，跨度还是蛮大的。在招商银行做设计的同时我也在做研发的工作，我想帮招商银行实现一个阿里的鹿班系统，它能自动生成各种 Banner、海报，所以我又自学了深度学习相关的知识。反正有新东西我就会尝试去接触和学习。

作者：惭愧惭愧，我一名计算机背景出身的设计师掌握的编程技能都没有你多。你为什么想做一个鹿班系统出来？

Shadow：我希望能通过智能的方式去实现设计。我在 2008 年做景观设计的时候已经在做参数化设计了。在 2017 年，我花了很多时间和精力来研究智能化设计这个方向。在 2018 年离开招商银行的时候，我开发的系统已经有一个可用的版本，可以直接看到具体的效果，而且生成一张 Banner 是没有问题的。

作者：2017 年上半年我当时看过 ARKIE 的产品，我觉得改善空间还是蛮大的，你觉得你在招商银行做的自动化生成设计系统比他们做得好吗？

Shadow：好不好更多是主观意识，主要看你用了哪一种方法。ARKIE 希望做到一句话生成一张海报，他们当时用的方法需要很有经验的设计师来给出不同的模板和规则，例如配色、排版、字体等。当时我把 2017 年 ARKIE 的主要做法给研究出来了，详情可以阅读我公众号里《DIY 一个 AI 设计师 _v0.0.1》这篇文章。我当时的做法也是差不多的原理，通过把模板动态化和参数化，就可以做到靠一个模板生成 100 种设计。只要提供的模板质量够高，每张 Banner 的效果都是能保证的。但鹿班的做法不一样，它是基于阿里所有的 Banner 数据来进行机器学习，抽象出相应的规则。

作者：听说你在业余时间独立开发了挺多 App，能大概分享一下么？

Shadow：没问题。几年前我做了一个基于 LBS 的明信片应用，名叫 Spyfari，这是我第一次用 React Native 来开发的，整个开发花了大概三个月左右。只要你拍了一张照片，它可以根据你的地理位置自动生成一句话，合成一张明信片。这句话是怎么自动生成呢？通过 GPS 定位我就能确定用户的地理位置在哪，然后将预置的语料显示出来，包括各种诗词歌赋，它们都是通过爬虫的方式找来的。我还尝试做过一个在本地运行的抓图应用，把整个网站的图片都合成一张长图，最后自动加些字成为一张海报。对了，我还做过聊天机器人 ACE Land，它是一个根据用户时间推荐内容的 AI 助手 App。这款 App 主要调用了图灵机器人的接口，但最后发现这不是我想做的主要方向。在其他业余时间里我也做过一些小程序的开发。我很喜欢做一些图文的结合，还有我比较注重通过自动化的方式减少用户的输入，用户只需要输入一张图片或者打几个字就行了，这样用户的操作成本能降到最低。

Spyfari 相关截图

作者：其实一个人开发一个应用花了三个月不是很久，我之前开发一个应用也差不多这个节奏。做了这么久设计，你觉得设计是什么？

Shadow：先插个题外话，我觉得设计有两种状态，一种状态的甲方是自己，这时候你会很享受设计和思考的过程，你可以从不同的角度去看待问题，不用考虑太多商业化问题，这样的设计比较纯粹。另外一种状态的甲方是其他人，这时候我就要思考甲方是怎么想的，设计起来比较受限。回到正题，设计是什么？我觉得是应用一些你掌握的设计“原材料”去巧妙地解决问题。这个设计“原材料”包括你掌握的技能、景观设计采用的材料、用户体验设计用的心理学、交互的流程甚至是开发的代码。就像在菜市场买不同的食物，通过各种烹饪方式做出一道道菜来。这十年我做了各种不同的设计，我觉得原材料可以不一样，但方法和本质是一样的，设计思维是一致的。

作者：我非常认同你的观点，我觉得设计师应该拥有一技多能，“一技”是指设计思维，“多能”跟你说的原材料差不多，广泛的技能和知识，这样你做设计时思考才会更全面，并且通过设计思维从不同方面把这个问题解决掉。下一个问题，你在 AI 和设计领域深耕了这么久，你觉得现在的 AI 是什么？

Shadow：这个问题其实挺宽泛的。怎么说呢，现在的 AI 要看你智能到哪个程度。它可以很弱智但也属于 AI 的一种。所谓的“很弱智”是指通过很简单的规则和方式去解决问题，但其中的一些数据处理我可能用了深度学习，这样也属于 AI，但听起来没那么高端。现在行业里很多人喜欢说自己解决问题时用了对抗生成网络或者深度学习，无论你用了什么方法，你解决的问题都是同一个问题，只是最后评估效果时看哪个方法更好一点。所以我觉得 AI 只是一种技术手段，它跟设计是平行的。

作者：嗯，有道理。我之前觉得 AI 就是一种设计方法。设计是用来解决问题的，深度学习也是解决问题的其中一种方法、一种技术。下一个话题，要不我们深入聊一下 AI 和设计结合的案例？

Shadow：好的。有没有听说过一个叫小库科技的公司？它通过 AI 来做建筑设计，但它背后的原理、实现的方式就跟 ARKIE 用 AI 生成海报的原理很不一样。建筑方向的 AI 更多是把精力放在知识图谱的构建还有 CNN 的分类上。

作者：为什么建筑设计要做知识图谱？

Shadow：因为建筑里有很多规范。例如一个小区，它的层高应该是多少，容积率是多少，每一个套房的户型和面积是多少，每一户拥有几个房间，每一个房间的面积是多少，这些数据背后都有很强的规范和要求。

作者：所以ARKIE是没有做这些规范和知识图谱的，因为设计涵括了主观因素，比较抽象，很难用规范来构建美学的知识图谱。

Shadow：对，我之前在招商银行的时候就想过做一个美学的知识图谱出来，但很难做知识的分类。例如“对称”这个词，它到底是算在布局还是视觉的平衡里？我很难定义每个知识的节点和它们的关系。但建筑领域不是纯设计方向的，它在很多方面都有自己的规范和要求，它们都是强制性的，所以是有可能做成知识图谱的。

作者：之前看过一篇关于通过机器学习改造汽车底盘的案例，这家名叫Hack rod先用3D技术打印了一个汽车底盘，然后在赛车时通过各种传感器获取不同的真实数据，让机器在虚拟环境中不断学习、不断自动地改变底盘的结构。我想了解一下，建筑设计能用类似的方法以及结合知识图谱来实现设计么？

Shadow：建筑设计用这种方法不太现实，因为这么做必须要先把建筑建起来，成本非常高。你说的方法更多是数据驱动的形式，现在景观设计和建筑设计有类似的思维，例如参数化设计。但这时候已经设计好模型，并不会去改进。如果要实现改进，就需要一个仿真器来实现，这是难点之一。按我的认知，结构设计是有仿真器的，因为力学的仿真系统已经非常成熟，例如桥梁的设计，可以通过不断地仿真、不断地调节参数使桥梁设计达到最好的状态。但是建筑设计考虑的因素很多，例如它能容纳多少人，每个时间段的人流分布是怎样的，还有各种主观因素，包括设计感、商业化、甲方的个人喜好等，建筑设计不是一个纯理性的设计，所以很难把这些因素结合在一起进行模拟。

我再举一个关于珠宝设计的例子。现在用户数据的获取越来越简单，加上 3D 打印、纳米微雕等技术的成熟，结合 AI 的个性化定制珠宝有了更多的可能性。传统的珠宝设计流程比较长，设计师需要让客户或亲自根据创意灵感手绘出设计草图，并以这个为蓝本不断修改，然后根据珠宝设计图制作珠宝模板，再用手工雕蜡起版或者用计算机 CAD 起版，再经过倒模、执模、镶嵌、抛光和表面处理，最后进行品质检验和出具证书。AI 珠宝设计师在给出最终的珠宝设计图前可以做很多事情，例如让机器获取用户的个人数据，包括声音、身高、体重、心率还有个人喜好，以及用户选择的材质、符号、重量等珠宝参数，然后将这些数据可视化，结合相关的算法生成不一样的设计，最后让用户寻找最喜欢的 3D 珠宝模型。AI 珠宝设计师甚至能让用户自行对珠宝进行造型，用户只需要画出大概的形状，就能利用 RNN 把最匹配用户的 3D 珠宝模型显示出来。如果对 AI 珠宝设计感兴趣，可以阅读我公众号里的《DIY 一个人工智能珠宝设计师 v1.0》。

作者：明白了。要不我们换一个话题吧。有些时候我真心觉得不懂技术做起设计会很局限，就跟盲人摸象差不多。你很难看清楚你的产品本质是什么，框架是什么。你觉得编程开发能力对你的设计来说有什么帮助？

Shadow：简单点就是懂开发能让你的设计更有技术含量。我举一个聊天机器人的例子，如果你不懂得开发，你是不会知道聊天机器人的效果如何评估，你也不知道用什么手段来提高这个效果。如果你是一名普通的设计师，你可能会认为全部的聊天机器人都可以像网上宣传的那么高端、那么好用，然后你也可以把你家的产品设计得一样智能，但其实一点意义都没有，因为做不到。但普通的设计师会觉得，这肯定能做到，因为这样的闲聊人类是能理解的，而且别人家竞品也是这样做的。当你的产品理念脱离了实际可实现的方案，那么会永远达不到你的产品目的。再举一个滤镜的例子。如果是设计师的话，他可能觉得用 Photoshop 对一张图片加个很酷炫的滤镜很简单，然后交给程序员让他们实现出来。

作者：滤镜这个案例讲得太对了。我之前在公司做过相机相关的产品，基本上大家的滤镜都是用开源代码实现的，自己重新写一个不太现实，因为很少工程师懂得图像处理技术。虽然说滤镜的表现跟设计师非常相关，但其实跟设计师也没有太多关系，因为你考虑的东西工程师很可能做不出来。

Shadow：我们沿着滤镜这个话题继续往下聊，我最近在看滤镜的实现，比较好的滤镜效果都是通过 GPU 着色器去写的。如果是常规的图片处理，用像素的处理方式来做滤镜效率会太低，而且款式少。但是用 GPU 着色器去写滤镜的话，这对很多工程师来说真的很难，并不是所有的工程师都懂得着色器开发。而且着色器功能很强大，它能做到怎样的酷炫程度连设计师都不知道。

作者：是的。我之前写过前端相关的代码，我相信很多工程师能写页面的代码，但很棒的动效代码并不是所有前端工程师都能写得出来，因为他们没有去学这种知识。而且一个特别棒的动效更多是设计和开发的结合，这是跨领域的。还有很多工程师是没有学过 SVG 的，SVG 我也只是看过一些，它虽然只是一个文件格式，其实能做到很多东西，包括各种复杂的动画。我两年前写自己官网的时候也用了 SVG 动画来做，真的很复杂，我只能看着别人的源代码慢慢去改成我想要的效果，但要让我自己从 0 到 1 开始学习和开发 SVG，就很不现实，因为真的没时间。

Shadow：对的，这个涉及你要专注某个领域还是所有领域都要去了解。

作者：2017 年鹿班的出现导致网上很多设计师都在担心自己会被淘汰，你怎么看待 AI 和设计师的关系？

Shadow：我觉得 AI 和设计师的关系主要有几种。一种是纯劳动力的设计师，他们就只懂得复制、粘贴和改图，这种设计师是很有可能被取代掉的。还有一种是深耕自己专业领域的设计师，这样的设计师 AI 可能跟他关系不是很大。

作者：这个我不太同意你的看法。就好像临摹一幅画，有些人花了很长时间来临摹，我觉得这个更多像深耕而不是纯劳动力，但 AI 可能用风格迁移的手段一下子就能把临摹处理得很好。

Shadow：嗯，但这个更多是艺术，艺术不是一件工业品，工业品才会讲求效率，你要的艺术是想让机器生产还是人去创作，这是值得深思的。我最近还有其他的想法，例如在某个领域深耕的设计师如果能很快地在这个领域树立自己的品牌，他就占据了先天优势，就算 AI 再强，都很难跟他竞争。

作者：说得对。我觉得对设计师来说，技法可能到达了天花板，但你的想法和影响力才是最重要的。这里我是挺有感触的，我 2012 年开始自学交互设计的时候，把 2014 年前市面上的交互书籍都看完了，但 2015 年后我发现很难再找到新的交互书籍，因为当时对于交互设计大家都探索得差不多了，所以写书的都变少了。当每个人的交互设计技法水平都差不多的时候，更重要的是思考如何提高自己的其他能力，例如对业务的理解、如何扩充自己其他领域的想法和技法。

Shadow：是的，所以说 AI 跟设计师的关系蛮难定义的，最终要看这个设计师是怎么定位的，他是跨界的还是只懂一点点。AI 对跨界设计师来说只是一个工具。但这种跨界人才已经很难用设计师这个职业来定义了，我觉得他比设计师要更高一个层面。

作者：是的，我们聊一聊最后一个问题吧。你觉得设计师要怎么拓宽自己的视野？

Shadow：最重要的是心态，心态一定要开放。不管是哪个领域或者内容，你都要以开放的心态接触它们，接触完你再给反馈。你不能一上来就特别反感别人提出的观点或者其他领域积累的经验。你不要觉得自己的就是一定对的。你要这么想，对方讲的可能是对的，我要先听进去，然后再综合考虑。平等地考虑每一个观点，我觉得这样就能很容易拓展自己的视野和能力，但其实很难做到。还有就是多跟其他行业的人一起交流，并且跟有不同经验的人群交流，例如很年轻的大学生或者五六十岁的长辈，聊天的时候就是在拓展自己的视野。我创建的 Mixlab 社区也是为了这个目的，让不同行业的人相互学习，共同进步。

7.2　如何设计 AI 音箱和 VR 产品

南迪尔：我叫南迪尔，大学毕业后在工业设计领域比较出名的设计公司 LKK 工作，然后 2012 年加入百度，主要负责百度云的交互设计，之后成为智能硬件团队的设计经理，负责的项目包括小度 Wi-Fi、百度路由器、智能手表 Rom 等一系列智能硬件。2016 年 6 月我加入小米探索实验室担任设计总监，负责小米路由器、小米 VR 还有最近比较火的小米 AI 音箱“小爱同学”。

作者：你觉得 2014 年做的百度路由器和现在做的小米路由器有什么不同吗？

南迪尔：其实很多地方还是比较相似的，例如大家都在追求更简单的用户配置流程，用户对于互联网的主要需求依然是一个稳定的网络，这个需求没有发生变化。

作者：在我的理解里，用户的全部网络流量都要通过路由器，而且它是 24 小时开机的，我觉得是不是只要加个语音功能它就能成为中控系统，后面就没有智能音箱的事了？

南迪尔：路由器和智能音箱都是中枢系统。两者的区别在于路由器是一个网络中枢，所有的东西都要通过路由器来连接到互联网。智能音箱是一个控制中枢，用户通过它来控制其他设备。你刚刚说的可以认为是理想状态或者实验室状态。但实际情况是，如果增加了语音功能，那么会有多少用户愿意花钱买这个路由器？现在一个路由器的价格大概是 100 元，如果增加一个语音功能，整个产品的价格要接近 200 元。如果这个路由器可以通过语音控制家庭里的 IoT（Internet of Things，物联网）产品，问题来了，有多少家庭家里是有 IoT 设备的？如果增加了这个语音功能，这多加的 100 元已经把没有 IoT 产品的所有用户排除在外，而且购买这款产品的人群 IoT 需求到底有多少？用户有可能前两天用起来很爽，但是到后面就只是用语音来开个灯。这些小需求能不能对得起用户多花的 100 元？

作者：有道理。我想了解一下，这几年你都在做智能硬件的项目，你觉得在 2014 年和 2018 年做智能硬件设计时有什么变化吗？

南迪尔：我在百度的时候，严格来说，当时的百度硬件积累相对较少，基本将硬件外包给其他厂商，所以当时我对硬件的把控力度相对较弱，而且了解得比较少，所以基本都是在做软件层面的设计。但到了小米之后，我发现小米的硬件和软件是属于同一个部门，而且小米在硬件上的积累很深。在小米的几年里，我对智能硬件有更深入的理解，包括硬件的组成部分、硬件的定义、软件和硬件的连接、它们之间是怎样交互的，同时我能对整个用户体验流程看得更加完整。我们做设计的时候甚至可以影响硬件的设计。以智能音箱的配置过程为例，当智能音箱的软件和硬件都摆在你面前的时候，你用手机配置音箱的过程中，音箱会不断给予你反馈，这会导致你的注意力在手机和音箱之间来回切换，我们觉得这不是一个好的设计。所以我们有意地把用户注意力先集中在手机上，音箱作为辅助，它只要发出确认的声音就行了。当用户用手机配置成功后，再把用户的注意力转移到音箱上进行互动和操作。如果不这么做的话，用户注意力的来回切换会导致整个配置流程很长，也会分散用户的精力。

作者：那你们当时是怎样考虑智能音箱上的反馈设计的？

南迪尔：设计“小爱同学”的时候，灯光反馈更多是辅助功能。灯光亮的时候其实是在给你一个信号，意思是“你可以说话了”。灯光是特定的语言，它模拟了两个人对话过程中对方的眼神：对方的注意力是不是在你身上，是的话你就可以说话了。当然这时候的反馈不只是灯光，还有声音。声音反馈是非常必要的，原因是当你背对着它的时候或者不看它的时候，通过声音反馈就知道可以操作了。我们第一版的声音反馈设计用的是“嘟”，就像“小爱同学”冲到你的身边；第二版我们将“嘟”改成“在，我在”，这能让人感觉到更温暖。还有我们的灯光定义了好几种模式。例如说“小爱同学”，这时候发出的是灯光表示它在响应你以及在聆听；当你说完指令，灯光发生的变化代表它在思考；而当它给予反馈时灯光会有另外一个变化。这套灯光设计其实仿照了一个人的“我在听你说”“我在思考”“我在说”这三种状态。

作者：你怎么看待最近 Echo show 增加了屏幕？语音交互是否需要屏幕？

南迪尔：这是肯定的，语音交互和屏幕结合是一件好事。我之前在知乎回答过一个问题[①]，说明了语音只适合有明确意图的输入，也就是说可以方便地问问题，但语音不适合输出，语音输出的内容太有限了，因为它是一维的，用户根本记不住。我当时举过一个很让人崩溃的例子：“中文请按 1，English press 2，金葵花客户请按 3”，当听过一遍后，我可能会忘了要按哪个，还得重听一遍。音频选项你是记不住太多的，顶多就能记住 4 个；但是视觉界面不一样，12 个选项都没有问题。

作者：的确，我当时买了“小度在家”和“小爱同学”，但我发现有屏幕的“小度在家”能做的事情更多。

南迪尔：现在“小爱同学”更多是用来放歌、问天气、问生

① 请在知乎上搜索问题“语音交互会变成未来的主流交互方式吗？”

活中的一些百科知识，还有对 IoT 设备的控制，我觉得这是大部分人的场景和需求。

作者： 如果智能音箱解决的主要需求是播放音乐，没有其他需求会不会导致没有人去研发其他功能，那语音交互怎么发展？我觉得语音交互的发展会受到很大的局限。

南迪尔： 语音交互很早就在手机上有了，没有发展起来是因为在公共场合的噪音比较大，人们在公众场合使用语音交互效率不一定高；还有一些人觉得对着一个手机说话会有点傻；还有就是隐私的问题，所以语音交互的场景是有限的。之所以智能音箱能发展起来，是因为它在家里，家里比较安静，它是私密的空间。如果“隐私”和“不适感”这两件事情是人们心理接受程度问题的话，随着时间发展，人们会慢慢接受。因为语音和搜索相关性比较高，输入效率非常高。当一个高效的事情能克服不舒适感或者隐私问题，它会有市场的。

作者： 那你觉得移动互联网的设计和语音交互设计有什么区别？

南迪尔： 移动互联网设计和语音交互在一些基本的、隐性的设计上是没有区别的，例如说你都要考虑场景和用户的情绪。但语音交互的设计有点不一样，就是它没有视觉部分，这会导致它是一个开放性的提问。视觉界面的好处是你能看到边界，你能进行引导；但语音是没有边界和引导的，所以你要学会创造引导。以设置一个闹钟为例，视觉界面很简单，几个时间控件就能把你完全限制在这个功能里。但用语音设置闹钟，我可能需要说“小爱同学我要设置一个闹钟”，然后它会问你“那你要设置几点呢？”“八点”“请问是早上八点还是晚上八点”“晚上八点”“好的，设置完毕”，语音交互会通过多轮对话把你的发散范围逐步缩小到这个任务上。

作者：的确，我之前也想过这个问题，视觉界面能限制用户的想法，语音交互就不能，我们只能在语音上创造限制。我们再聊一下 VR 吧。2016 年被称为 VR 的元年，突然间 2017 年又变成人工智能的元年，你怎么看待 2018 年 VR 的发展，它是不是不温不火？

南迪尔：我觉得 VR 的发展是正常的。新起的行业第一波总会吹成泡沫，因为投资市场不是冷静的。第一波泡沫过去后留下的人会继续推动这个行业的发展。目前行业的发展还是在硬件的成熟和积累阶段，包括现在的 Oculus Go、Vive，虽然它们已经很不错了，但还不是最终形态。当它们逐渐接近最终形态的时候，会有越来越多的软件加入，会有越来越多的人认识到它们的价值然后依赖于它们，最后它们才能形成最终的形态。

作者：那你觉得 VR 跟移动互联网的产品有什么本质的区别吗？

南迪尔：移动互联网的产品可以分为两类，一类是节省时间的，例如外卖、百度；另外一类是“浪费”时间的，例如抖音、爱奇艺、今日头条。VR 目前来看更多是应用在“浪费”时间的，基本不包括节省时间这个类别。VR 本身的硬件形态就决定了它没有手机更省时间，因为你要戴上笨重的头盔，在里面看不到你的手指，也没有合适的键盘，你的输入效率并不高。而且现在的头盔携带性不好，不能随身到处带着。如果 VR 想像移动互联网这样爆发的话，它的硬件形态一定要比掏手机更省事，而且价格也要很低。

作者：我在 2015 年写过一篇文章来分析 VR 和 AR 哪一个会先火起来并进入大众的视野，最后我选择了 AR。我觉得 VR 体验不只是依赖视觉和听觉，你的触觉、嗅觉都是息息相关的。但是 AR 不会有这么多的限制，它不会有这么多的技术瓶颈在这里，只要你搞定了图像识别基本就够了，你觉得呢？

南迪尔：我觉得手机普及速度很快的原因是它节省时间的功能很多，它能帮你联系到人、订外卖、查资料、买东西。同理，AR 能做很多节省时间的事情，所以我相信它的普及速度会比较快。VR 更多走的是 PlayStation 和 Xbox 的道路，就是娱乐和消费。如果 VR 想要走进大众的视野，在效率层面一定要超过手机，现在某些领域 VR 的效率优势非常明显，例如看房，有了 VR 你就不用到现场看房了，还有像室内设计这些 ToB 的领域 VR 都有可能超越手机或 PC 的体验和效率。

作者：那你觉得做 VR 设计和做移动互联网设计有什么不一样的地方吗？

南迪尔：设计的对象变了、设计的场景变了、设计的工具变了、设计的平台变了，但设计本质没什么变化。在形式设计上，要考虑更多的是 VR 中平面和空间变得无限大，有前后和层次关系。

作者：我觉得还有一个因素：时间的变化。空间和时间是结合在一起的，平面就不一样，你可以盯着它去看很久，但你看 VR 电影的时候，你看左侧时右侧就看不到了，信息不能被用户接收，我觉得这个也是 VR 和平面设计的很大区别。

南迪尔：对，你说的有道理。还有就是，有些信息有自己的展现形态，它们的传递是不需要三维空间的，例如图片、文字，它们不一定要转换成 3D。当你要看一本小说，你把文字加厚变成立体的文字，其实没有任何意义，因为文字的二维形态就是最优解了。VR 增强的是你的体验，在信息传递的角度来看它没有太大的变化。但是有些东西本来就是三维产品，它们是带有三维信息的，例如你从一张照片里看到的房间和走进这个空间里看到的房间，感受是完全不一样的，三维信息在 VR 里展现才能突出 VR 的优势。如果你用一个高维度的工具来看低维度的内容，低维度的内容还是低维度的内容。所以你问 VR 的界面设计有什么不同，当你的二维内容从平面移植到三维空间时，其实没有什么不同，只是展示面积变得更大了，设计时我虽然能用更多的层次关系，但本质上文字还是文字，光标还是光标。

作者：最后一个问题，你认为年轻的设计师怎么拓展自己的视野？还有怎么提高自己的思考深度？

南迪尔：我觉得拓展视野分两个维度。第一个维度是知识的积累，你可以上知乎或者国内外的网站学习相关的知识以及阅读相关的报道，但我觉得更重要的另一个维度是你要亲眼看到一些人做过的事情，才会有感觉。例如你可以多参加一些展会和演讲，亲眼学习这些设计师是用了什么思路，最后做出什么样的产品。对于思考深度，要多问自己几个为什么，时间长了就会形成习惯，你就会往最本质的原因去想。如果你想形成这样的思维习惯，一开始需要一定的刻意练习。刻意练习就是遇到一个问题，思考它背后的原因，然后把原因记下来，再去想这个原因背后的原因，如此重复下去，想到不能再想了。通过刻意练习的训练，你的思考方式会逐渐变化并形成惯性。还有就是别光想，一定要用文字写下来，大脑是一个很强的 CPU，但是它的内存不足，所以你要把文字和思考写到纸上，然后只让大脑去做思考的事情。

7.3 设计师如何在智能化时代持续学习和成长?

00：我叫 00，算是一名互联网老兵了。跟其他设计师不太一样的是，我一开始在网易邮箱担任产品经理。在用户体验发展的初期我发现这是一个挺有价值的领域，然后转向了用户体验设计，从产品经理变成了用户研究员，再往后一直在做产品和交互设计相关的工作。前几年在微信支付团队工作，移动支付正在开始普及，我们为服务行业做了很多打通线上和线下全流程的通用解决方案设计，例如给餐饮行业设计相关的服务流程，帮助他们在支付环节提升运营的效率和服务的质量。在 2016 年由于我对心理学比较感兴趣，所以加入了一个心理学相关的创业项目，那时还参加了一门叫 Fab Academy 的课程，最近刚学完 Udacity 的深度学习课程。

作者：能不能简单介绍一下 Fab Academy？当时为什么想学 Fab Academy 这门课程？

OO：Fab Academy 是 MIT 里的原子与比特中心开设的一门课程，它的目的是让全球范围内对制造和创客感兴趣的人学会数字化制造的流程；让每个人都有能力亲手制作复杂的东西，并学会用各种工具升级传统的生产流程。由于我一直在做交互设计，所以我希望能够实现一些自己的想法，而不只是把它的流程给想象出来。在好几年前关注智能硬件领域时，留意到 MIT 有一门课程叫 How to make almost anything，但可惜在网上找不到相关的课程。2016 年我发现深圳 SZoil 实验室成了 Fab lab 的分支，所以我立刻报名参加了。

作者：你当时学这门课程感觉到吃力么？

OO：这门课程强度真的很大，要在一个学期内学完跟制造相关的知识，包括设计、建模、编程、电路、制作模具还有最后的组装。当时对制造的完整流程不了解，而且每个星期学的课程可能是大学里半个学期甚至是一个学期的内容，每次上完课都会发现有几十个术语不知道是什么意思。加上当时还在创业阶段，所以上 Fab Academy 课程的时候，还是非常吃力的。

作者：你觉得 Fab Academy 在哪个方面对你来说是有意义的？

OO：有好几点。一是我对整个数字制造的流程有了深入的了解。现在看到一些比较有趣的实物，我大概能猜测出它们的制作方法。二是我发现制造并不是一件很难的事，当掌握了比较完整的制造知识和体系后，每个人都可以动手实现自己的想法。三是我有机会探索并接受了很多新鲜的事物，例如制作模具、数字电路还有嵌入式开发。在整个学习过程中，我发现一些感兴趣的领域和技术跟之前的工作和项目相关。例如之前在微信支付团队做餐饮场景的时候，有考虑过用互动装置让周围的用户领优惠券，但是当时不知道怎么做。在学完这门课程后发现，如果当时知道一些传感器怎么用，做个简单演示并不难。

作者：Fab Academy 毕业的时候你做了什么项目？

OO：我当时做了一个跟声音相关的小机器人，它的眼睛有一个测量距离的功能，当你用手掌挡在机器人的眼睛前面，传感器就会把距离转换成音高，你可以通过移动手掌来“弹奏”一首简单的乐曲。

作者：听起来很有趣，Fab Academy 对你来说最大的帮助是什么？

OO：最大的帮助是让我掌握了如何在陌生领域快速学习并获取核心知识的方法。当你有明确的目标，学习就更有针对性。第二点是如何更有效地找到资料解决手头上的问题，在排除故障的过程中得到了很多锻炼。第三点是可以进入创客的圈子认识更多有趣的人，他们都是有动手能力解决问题的人，大家相互帮忙一起做东西的氛围特别好。我之前比较困扰的是，为什么做设计却没有多少实现的能力？学完这门课，自己的动手能力有了提升。我还是相信一点，很多东西要把它实现出来，你的设计才是完整的，这样才能检验想法和设计理念是不是对的。如果对Fab Academy感兴趣的话，可以在我的公众号HackYourself阅读更多资料。

作者：换一个话题，你几时开始对AI感兴趣的？

00：我对AI感兴趣也挺久了。在六七年前我曾经做过一段时间与搜索引擎相关的产品，那个时候算是比较早接触到机器学习和大数据。当时觉得这个领域蛮有潜力的。自己真正动手学是2017年，因为当时觉得整个行业发展的速度一下子变快，有很多新技术冒出来，所以去上了Udacity的深度学习课程，希望通过写代码做出完整项目的方式深入地了解现在的AI是什么。

作者：Udacity的深度学习课程我也学过一阵子，有计算机专业背景的我都觉得挺难入门的，你当时是怎么学习这门课程并跨过这个门槛的？

00：深度学习对数学的要求比其他技术课程要高，所以我花了挺多精力复习一些数学基础知识。为了让自己对数学的兴趣浓厚一些，还去阅读了一些比较有趣的数学科普书，同时找了一些好玩的视频让自己对数学和深度学习里的知识有更深入的了解。当数学基础有所提升，理解深度学习的知识就没有以前困难了。第二点是编程的基础，我虽然学过Python，但没有多少写代码的经验，所以基础还是很弱。因为这门课程需要写不少代码，所以我也在不断地积累和提升自己的编程能力。第三点是 Udacity 在课程设计上降低了很多门槛。它把一些知识点之间的跨度拆得比较细，在两个大的台阶中间搭了很多小的台阶，让你在理解某个很难的知识点的时候能够循序渐进，最后再设计一些题目让你去练习。

作者：当你学完这门深度学习课程，你觉得深度学习对你的设计思维有什么改变吗？

00：我觉得学习技术对设计是有帮助的，从几个方面来看。第一个是思维。编程思维可以帮助非理工科背景的设计师了解什么是抽象、复用、结构化和参数化，这些都是编程的思考方式。例如设计师要搭建组件库或者整理设计规范的时候，要考虑怎么把最开始看起来很杂乱的元素抽取出来形成多种模式，这些思维就非常重要了。第二个是原理。如果你知道深度学习的一些原理，它到底能实现什么，不能实现什么，它的能力范围到底在哪里，当你以后用到深度学习，就大概知道你要做的设计界限在哪。例如，这门课程最后的项目是基于一个人脸图像库，用 GAN（生成对抗网络）来自动生成人脸。这个看起来应用的范围蛮广的，但真正做过一遍以后，你可能会有更多的考虑。例如数据集从哪里来？是有现成的数据集还是手动获取一批？如果你手动获取的数据集样本量很少，基本不用想自动生成人脸这事了；即便数据量很大，当你发现最终结果人脸是歪的，你就会知道这套技术还没成熟，没法达到要求，那你可能不会把它用到设计里。所以，深度学习需要考虑数据集是否够多、设定的目标和打分规则是否明确，这些因素都会直接影响设计目标的实现。真正动手学习以后，才会更加清楚深度学习能不能解决设计问题。

作者：那你觉得深度学习会不会影响到界面的设计？

00：设计包含的范围很广，界面设计也不是只有画图的部分。我觉得它的影响没有那么直接，更深层的影响可能会是改变使用场景。例如有一些流程，之前需要用户填写一些必填信息才能跳到下一步，但如果通过 AI 技术基于用户的历史数据做分析和判断，整个信息填写可能就不需要了，这就会影响到整个交互流程。如果一些具体的界面包含了各种重复性的工作，或者它的产出物比较类似，这时候你可以用更自动化的方式去实现，而不是每一个操作都需要人工去做。

随着 AI 的成熟，一些流程操作可能会有新的替代做法；如果技术更成熟的话，有可能整个场景和流程都需要去重新设计，这个时候界面有可能会消失。

作者：那你怎么看待现在的 AI ？现在的 AI 是不是等于深度学习？

00：AI 肯定不只是深度学习。AI 一直以来都在发展，例如最早的垃圾邮件过滤、个性化推荐系统、微信语音转文字等，都属于很典型的 AI 应用。当一个技术成熟并且广泛应用后，我们就觉得它“不是”AI 了。现在的运算能力越来越强，通过计算自动生成的东西越来越多，例如鹿班自动生成一张 Banner。在技术攻坚和推广阶段，大家会更倾向于认为这是“当前的”AI。我觉得其实本质都是一样的，AI 就是用计算的方式，自动化解决一些问题或生成最终想要的结果。

作者：现在很多设计师都在担心自己会被 AI 取代。你怎么看待这个问题？

00：这个问题我思考也蛮久了。UI 和交互设计近几年发展得特别快，大家已经把一些基础知识和相关经验总结得很好了，可复用的组件和模块越来越多，所以以后设计师都不需要“从零开始”，工作看起来是变少了。但我认为这也是好的一面。你需要更深入地看待设计本身，到底哪些部分需要由人来解决和设计。对于真正的设计难题，我认为机器很难替代设计师，因为这些设计难题都是由于设计对象关系之间的复杂性，以及人本身的不确定性引起的。例如要去设计一个服务解决方案，我觉得最重要的是如何理清不同利益相关者之间的利益关系。服务设计一般要面对很多不同的角色，他们之间的关系是错综复杂的，在设计时不能只考虑某个环节和流程，而需要更多考虑全局和关系的平衡。各种微妙、复杂、不明确的关系，对机器来说是一个很难的问题，这时候就需要人去把握。我觉得“AI 是否能取代设计师”这个问题，能让设计师更多地去思考到底设计要解决的问题是什么，然后把机器擅长的事情或者不需要人太多思考的事情交给机器去做。其实这样也很好，设计师不用天天坐在计算机前面做对齐几个像素的事情。在学完深度学习课程以后，我了解了现在 AI 的界限在哪，但是它的潜力还很大，人真的不应该再跟机器去比了。

作者：那你觉得现在的 AI 的界限在哪里？

00：现在 AI 的局限蛮多的，但是以后会越来越少。只要你能够给一个明确的目标，这个目标可操作、可量化，可以提供算法和足够的训练数据，基本上 AI 都能够做到。在未来，机器能够做到的绝大部分事情，人都不会做得比机器好，尤其是那些可以标准化、量化的事情。毕竟人有各种各样的生理局限，会死、会累。那这个时候怎么办？我觉得最终基本只剩下一条路，就是人要去做自己真正喜欢的事情，即便那个事情机器能够做得比你好 100 倍，你还是会愿意去做。当你一直做这个事情，迟早会发现有一些机器不擅长或者不屑于去做的部分，这时候你做的东西可能会因为个人偏好影响到结果，而这个结果会被其他人感知或者喜欢，这时候你就创造了属于“人”的价值。最近一段时间我在想，做设计还是需要找到一个领域，结合这个领域去做你喜欢的东西。有了领域这个框架，很多新的发现都会来自于你对那个领域的理解和积累。想要在某个领域真正产生价值，需要沉浸其中，有足够多的认识和积累才能做到。所以，如果想用 AI 技术达到目的，或是提升产品的价值和效率，你就要在这个领域多去学习、实践、领悟。这是我最近的感受。

作者：所以你现在寻找的领域是什么？我记得你在研究 AI 和音乐如何结合。

00：主要是多媒体互动吧。我认为体验还是会回到实体场景下，虽然它们不一定是“真实的”，但一定会越来越强调“沉浸”。那么设计就会涉及实体环境和各种感官，所以我想往沉浸式互动这个方向探索更多的设计。声音和音乐在沉浸式体验中不可或缺，也是我一直比较感兴趣的领域，所以我想探索 AI 和音乐如何更好地结合。当开始深入到一个领域中，你会发现有一些东西是多年都不会变的，即便 AI 来了，它还是不会变的。只有深入理解一些本质，你才可能用新的技术去实现突破，做出好玩的东西。

作者：我觉得不会变的第一应该是艺术，音乐属于艺术。

00：其实每个领域都有一些比较底层的东西不会改变，这个需要你对这个领域的理解。

作者：那你对现在研究的 AI 和音乐的结合有什么心得吗？

00：如果用工程的角度去看待音乐，它其实跟数学还有编程有密切的关系。如果把声音还原为一种物理现象，它更多是力学研究的对象，甚至跟电学和光学的原理有不少相通之处。从这个角度出发理解声音跟音乐之后，你可以尝试加入一些新的元素，例如借助 AI 做出更多有趣、可以互动的声乐装置。我现在还在新手阶段，学习基础知识和相关的工具。工具会在很大程度上局限你想要实现的东西，尤其是在一个全新的领域。

作者：我认为后面的工具使用起来肯定会越来越简单。

00：我认为工具的复杂程度，取决于你想解决哪个层面的问题。就好比说你想要弹出十个音符，那你的工具可以特别简单，用一个 iPad 或者几个按键，发出声音就可以了。但如果你要从物理的角度控制整个声音，那工具可能会非常复杂，需要调控的参数会随着程序的灵活度而成倍增加。

作者：你怎么看待设计师后面的发展？

00：一个就是刚才我说的，一定要找到自己真正感兴趣的领域。不论那个领域是什么，现在看起来有没有前景，但只要是你喜欢的领域，我觉得就应该坚持沉浸进去，去学习、去玩、去做东西。第二个就是，不论是设计还是其他领域都一样，基本上属于 T 型人才的问题。你需要去学习跟设计相关和不相关的所有知识，一切都是为了做好 T 字的那一竖，这样你对设计的理解才会更深。要发现自己真正喜欢的领域是什么，然后基于那个领域，慢慢地往横向和纵向深入发展。第三点就是，我现在处于一个目标不太明确的阶段，如何找到一个让你相对长期聚焦的领域，以及能不断帮你精进某些技能和经验的实践项目，这个也蛮重要的。

作者：那你觉得设计师要怎么才能拓宽自己的视野？

00：第一点还是刚才说的，基于内在驱动力，基于兴趣不停地向外扩展。一旦对某个事物感兴趣，你就会不自觉地想要知道更多，会开始比较，想要看到和找到更好的东西。第二点就是，我觉得设计师的审美来自于生活的方方面面。当你其他方面的能力和见识有所拓宽，设计能力和视野也会提升。所以要多去体验不同的事物，体验那些以前没看过、没玩过、没做过的事情。还有第三点，过去两年我在做心理学相关的项目，发现对人、事、物的洞察，很大程度上来自于你对人的复杂程度的理解，以及对自己的觉察跟反思。有时候看待事物或问题，如果没有结合自己关注的事物或领域一起去理解的话，可能会缺少一条主线。我们对很多知识和事物的看法就有点像一棵树，它们最终会还原到某个更加本质的东西，就是这棵树的主干，例如你对自己本性的理解，或者是你在这个世界上一直坚持的立场和态度。如果没有这个立场，你可能就没有属于自己的原则、观点和偏好。如果没有自己的价值观，你可能也没有办法把很多东西整合起来，最终把它变成你自己的东西，或者基于它去创造价值。

附　录

面向用户的人工智能系统底层设计

1.“去中心化”的互联网

互联网的前身叫作阿帕网，属于美国国防部 20 世纪 60 年代部署的一个中央控制型网络。阿帕网有一个明显的弱点：如果中央控制系统受到攻击，整个阿帕网就会瘫痪。为了解决这个问题，美国的 Paul Baran 开发了一套新型通信系统。该系统的主要特色是如果部分系统被摧毁，整个通信系统仍能够保持运行。它的工作原理是这样的：中央控制系统不再简单地把数据直接传送到目的地，而是在网络的不同节点之间传送；如果其中某个节点损坏，则别的节点能够马上代替其运行。阿帕网的相关实践和研究，催生出现代意义上的互联网。

互联网的起源就是为了去中心化，可以使信息更安全、更高效地传播。可惜在第一次互联网泡沫之后，人们开始意识到在互联网上创造价值的捷径是搭建中心化服务，收集信息并将之货币化。互联网上逐渐出现了不同领域的巨头，它们以中心化的形式影响着亿万用户，例如社交网络 Facebook、搜索引擎 Google 等。用户使用他们的产品进行社交或者搜索，而作为服务提供商的巨头们通过掌握和分析用户数据进而优化自己的产品并获得利益。为了给用户提供更好的服务，存储和分析用户数据本来无可厚非，但这也引起了一部分对自己的隐私安全敏感的用户的不满。但更重要的一点是，如果某个巨头突然垮了停止了相关服务，会给用户的生活带来极大的困扰。

貌似又回到了20世纪60年代，很多老一辈互联网参与者重新开始讨论去中心化的互联网，他们认为互联网去中心化的核心概念是服务的运行不再盲目依赖于单一的垄断企业，服务运营的责任将分散承担。

Tim Berners-Lee（万维网的发明者）提出了自己的见解："将网络设计成去中心化的，每个人都可以参与进来，拥有自己的域名和网络服务器，只是目前还没有实现。目前的个人数据被垄断了。我们的想法是恢复去中心化网络的创意。"

我们再看看去中心化网络的三个核心优势：隐私性、数据可迁移性和安全性。

（1）隐私性：去中心化对数据隐私性要求很高。数据分布在网络中，端到端加密技术可以保证授权用户的读写权限，数据获取权限用算法控制。而中心化网络则一般由网络所有者控制，包括消费者描述和广告定位。

（2）数据可迁移性：在去中心化环境下，用户拥有个人数据，可以选择共享对象，而且不受服务供应商的限制（如果还存在服务供应商的概念）。这点很重要，如果你想换车，为什么不可以迁移自己的个人驾驶记录呢？聊天平台记录和医疗记录同理。

（3）安全性：在中心化环境下，越孤立的优良环境越是吸引破坏者。去中心化环境的本质决定了其安全性可以抵御黑客攻击、渗透、信息盗窃、系统奔溃等漏洞，因为从一开始它的设计就保证了公众的监督。

近几年很火的 HBO 剧集《硅谷》以“互联网去中心化”这个理念开始了第四季内容。怪人风投家 Russ Hanneman 询问陷入困境的 Pied Piper 创始人 Richard Hendricks，如果给予他无限的时间和资源，他想要构建什么。Hendricks 回答：“一个全新的互联网”，他随后解释说，“现在每台手机的运算能力都比人类登月时的手机要强大得多，如果你能用所有的几十亿台手机构建一个巨大的网络，使用压缩算法将一切变得更小更高效，更方便地转移数据，那么我们将能构建一个完全去中心化的互联网，没有防火墙，没有过路费，没有政府监管，没有监视，信息将会完全自由。”

在后面的剧情中，Pied Piper 在 Hooli 大会上将 Dan Melcher 的几千 TB 数据转移到 25 万台手机上。其间发生了一系列问题，最后 Dan Melcher 的数据被“神奇”地备份到 3 万台智能冰箱的巨型网络上。

互联网档案馆的创始人 Brewster Kahle 曾表示，互联网去中心化在实际中很难被执行，仍有很漫长的路要走。虽然《硅谷》只是一部电视剧，里面有部分技术纯属虚构，但是它也侧面证实了一个事实——每一台手机的运算能力和性能除了打电话、聊天、玩游戏外，还能做到很多事情，例如成为新一代微型服务器和计算中心。

2. 最合适的私人服务器

手机成为新一代微型服务器，这也符合 Tim Berners-Lee“每个人都拥有自己的网络服务器”的观点。目前手机的性能和容量已经可以媲美一台台式计算机，更重要的是，为了减少对 CPU 的压力，手机拥有不同的协处理器。协处理器各司其职，专门为手机提供不同的特色功能，例如 iPhone 从 5s 开始集成了运动协处理器，它能低功耗监测并记录用户的运动数据；MotoX 搭载的协处理器可以通过识别你的语音来处理运动信息，从而在未唤醒状态下使用 Google now 功能。

手机上各种传感器可以从不同维度监测用户数据，如果手机成为下一代微型服务器，那么它需要承担存储用户数据的责任。同时，鉴于人工智能助手需要每个用户海量的数据作为基础，才能更好地理解用户并实时提供帮助，成为“千人千面”的个人助理，所以手机存储和分析用户数据是人工智能助手的基础。

分析用户的非结构化数据需要大量的计算，为了降低对 CPU 和电池的压力，手机需要一块低功耗、专门分析用户数据的协处理器。它能够低功耗地进行深度学习、迁移学习等机器学习方法，对用户的海量非结构化数据进行分析、建模和处理。

家庭也需要一个更大容量的服务器来减少手机的存储压力，例如 24 小时长期工作的冰箱、路由器或者智能音箱都是能够很好地承载数据的容器。用户手机可以定期将时间较长远的数据备份到家里的服务器，这样的方式有以下好处：

（1）降低了手机里用户数据的使用空间；

（2）家庭服务器会 24 小时稳定工作，可以承担更多、更复杂的计算，并将结果反馈给移动端；

（3）用户手机等设备更换时，可以无缝使用现有功能。

Google 在 2015 年已经开始使用自家研发的 TPU，它在深度学习的运算速度上比当前的 CPU 和 GPU 快 15 ～ 30 倍，性能功耗比高出约 30 ～ 80 倍。当手机、智能音箱等设备拥有与 TPU 类似的协处理器时，个人人工智能助理会到达新的顶峰。在 2017 年 9 月，华为发布了全球第一款 AI 移动芯片麒麟 970，其 AI 性能密度大幅优于 CPU 和 GPU。在处理同样的 AI 应用任务时，相较于四个 Cortex-A73 核心，麒麟 970 的新异构计算架构拥有大约 50 倍能效和 25 倍性能优势，这意味未来在手机上处理 AI 任务不再是难事。更厉害的是，iPhone X 的 A11 仿生芯片拥有神经引擎，每秒运算次数最高可达 6000 亿次。它是专为机器学习而开发的硬件，不仅能执行神经网络所需的高速运算，而且具有杰出的能效。

3. 数据的进一步利用

人工智能的发展依赖于大数据、高性能的运算能力和实现框架，数据是人工智能的基础。在过去 30 年里，人类数据经历了两个阶段——孤岛阶段和集体阶段。

（1）孤岛阶段。在没有互联网时期及互联网前期，人类使用计算机基本处于单机状态，数据也只能存储在计算机本地。由于计算机性能较差，产品较为简单以及技术的不成熟，人类在计算机上产生的数据价值不大。

（2）集体阶段。在互联网中后期，计算机行业开始往互联网发展并衍生出更多领域，例如网上社交、搜索等，视频、音乐等娱乐行业也开始互联网化；到了移动互联网时代，巨头们结合传统行业产生出更多的玩法。人类每天的活动逐渐创造出庞大的数据。

由于数据的庞大以及技术有限，个人没有能力对自己的数据进行存储和分析，个人数据对个人来讲仍然价值不大，但对于巨头来说就不一样了。巨头们有的是资金和技术，即使个人数据拥有太多特征，但放在一起成为群体数据时，巨头们就可以通过数据清洗、建模等方法分析出相关群体的普遍特征，得出相关的用户画像，更了解自己的用户是谁，从而设计出更有针对性的功能和服务，探索出新的用户需求和衍生出新的产品。

随着近几年技术的成熟，巨头们可以做到一些相对简单的个人推荐。如亚马逊，它可以根据你的购买记录推荐相关商品，这也是通过分析大量的用户购买数据实现的。

由于服务器普遍昂贵以及普通用户缺乏对数据处理的能力，而巨头们有能力使用户数据发挥更大价值，所以用户数据一直“默许”被Google、Facebook、苹果、腾讯、阿里、百度等巨头收集着，这是可以理解的。每个用户一天产生的数据包括了社交、健康、购物、地理信息等，但是巨头们的垄断和相互竞争，导致用户数据被各巨头分割和收集使用，再加上巨头们宁愿生产更多的产品进行竞争也不愿意使用户数据互通，导致用户数据发挥不出更大的价值。这也是人工智能发展道路上的一大障碍。

（3）互通阶段。若要使人工智能得到更快发展，需要分析和了解更多的完整数据；加上互联网去中心化的理念，应用厂商把数据“还给”用户将会是下一个趋势。把数据“还给”用户的意思不是指应用厂商不应该拥有数据，而是强调将数据共享出去，从而获得更多有用的数据。

但让各个应用厂商共享数据，不符合竞争的现实。这时候用户需要一个数据仓库，它能存储和整理不同应用厂商的数据，而人工智能可以利用数据进行自我优化和分析出该名用户的特征。

例如我们手机里的淘宝和京东，用户使用它们时的动机和场景不一样，所以它们所得的用户画像仅是该名用户的一部分，不能完全代表该名用户。如果淘宝和京东将各自的数据保存到个人数据仓库，人工智能将数据整理完后再为淘宝和京东输出已授权的完整用户画像，那么淘宝和京东就可以为该名用户提供更多的个性化服务，创造更多收益。这也实现了应用厂商为人工智能提供数据，人工智能反哺应用厂商的良性循环。

4. 人工智能数据仓库设计

2015 年堪称“智能家居元年”，但最后还是渐渐沉寂了。通俗理解的话，智能家居的重点是“智能”，而人工智能没有发展起来，智能家居如何“智能”？

现在大部分智能家居电器就像一个孤岛，只能通过手机里的不同 App 操控，相互之间没有任何联动，根本体现不出智能家居的概念，直至小米打破了现有状况。

小米通过 MIUI、路由器和小米生态链布局智能家居生态，前期通过路由器掌控联网大权，通过小米电视占据家庭娱乐中心，运用 Wi-Fi 插座使基础家电智能化，各种传感器使建筑智能化；中期通过与科技企业如美的的合作，推出小米生态链的各种产品如扫地机器人、空气净化器、电饭煲等，由小米控制的智能家居不断渗透到用户家里；而 2017 年 7 月推出的 299 元的小米 AI 音箱使小米智能家居达到一个新的高潮，控制智能家居变得更为简单，用户可以通过 AI 音箱对各产品下达指令和操控。至今为止，在国内智能家居布局最出色的是小米。

尽管如此，目前小米的智能家居布局仍处于初级阶段，只是把不同电器互联化并连接一个终端。家居的智能不只是简简单单地通过命令操作就行，更多在于智能家居之间的联动以及更懂主人，这靠的是对用户数据的积累、理解和分享；但这也带来一些隐私问题，用户担心如果产品和人工智能接触到更多数据，自己的生活会像被 24 小时监控着。人工智能将会是科学与伦理博弈中最激烈的一环，所以如何实现底层的数据仓库是关键。

未来的人工智能和数据仓库应该是一个平台，就像现在的操作系统 Windows、iOS 和 Android，但数据仓库不应该被巨头们和政府掌控，因为它比现在的操作系统能存储更多用户的隐私数据，所以数据仓库需要定制更多的隐私规则防止用户数据泄露，同时也需要定制开放协议实现多元创新，避免被巨头垄断。

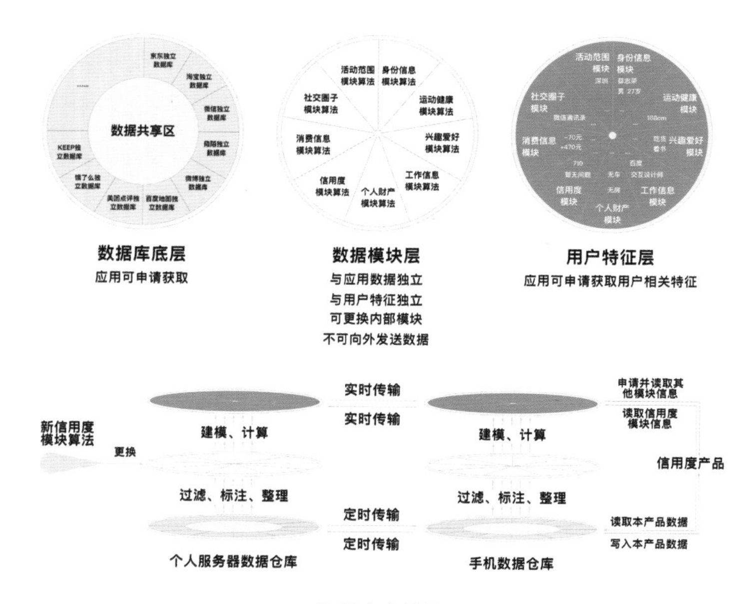

数据仓库设计

该仓库具有以下特性和功能：

（1）数据仓库拥有该名用户的完整特征和数据，它可以代表该用户。

（2）数据仓库最少包含身份信息、健康数据、兴趣爱好、工作信息、财产数据、信用度、消费信息、社交圈子、活动范围9个模块。每个模块相互独立，不耦合。

（3）数据仓库包括用户特征、产品私有数据和共享数据。用户特征只有输出行为；私有数据只有输入行为；共享数据具有输入和输出行为。

（4）模块间可以交换数据，模块具有规定的输入和输出接口格式。

（5）每个模块内的机器学习算法可自行升级或替换成其他厂商提供的算法。

（6）每个模块具有封闭性，算法不能向外发送用户数据。

（7）每个模块拥有必选和非必选的固定数据字段。

（8）产品可以向不同模块输入私有和共享数据。

（9）产品提供的数据必须符合该模块的必选数据字段，可以额外提供非必选数据字段。

（10）由模块内部的算法对该模块的共享、私有数据进行标注和建模，产出相关用户特征。

（11）算法可以申请授权获取其他模块共享数据和用户特征。

（12）在授权范围内，产品可以获取相关模块的用户特征和共享数据部分，无法访问私有数据。

（13）数据仓库定期将数据加密备份至个人服务器。

（14）数据仓库定期清理过期数据。

（15）数据仓库容量不足时自动提醒用户备份数据并清理空间。

（16）数据仓库自动加密用户数据，防止泄露。

不同厂商的数据仓库产品应该遵循以下协议：

（1）不同数据仓库相同模块的必选数据字段需要一致。

（2）数据仓库内部算法和数据仓应相互独立。

（3）数据仓库可以沿用以往数据和用户特征。

（4）数据仓库之间传输数据需要加密。

（5）不允许设置后门。

数据仓库制定协议的好处：

（1）企业可以根据规范制定数据仓库，降低被巨头控制的风险。

（2）数据仓库内不同模块的机器学习算法可以由不同企业制定和替换。

（3）不同企业数据仓库之间的数据迁移和升级更加便捷。

（4）该用户名下的数据仓库进行数据同步时是加密的，降低隐私曝光的风险。

人工智能需要考虑运算性能、电量、发热量、数据采集和人机交互等问题。在移动端，手机依然是人工智能助理的最好载体，可穿戴式设备更多成为辅助。在家或办公室里，最好的人工智能助手载体应该一分为二，一是可与用户对话交互的电器，例如现在流行的智能音箱，还有具有大屏展示的电视，甚至是24小时供电的路由器；另外一个是具有天生优势的冰箱——它也是24小时供电，其自动降温能力也能更好地解决复杂运算时所产生的热量问题，其庞大体积则可以容纳更多存储数据的硬盘和计算机部件。

可以预测，冰箱将成为个人人工智能的运算中心，就像一台服务器；而手机和智能音箱等将成为与用户打交道的人工智能助理。当运算中心处理完数据后，将结果同步至相关人工智能助理，数据仓库将成为连接它们的桥梁。只有完善了底层的数据共享，人工智能才能发挥出最大价值。

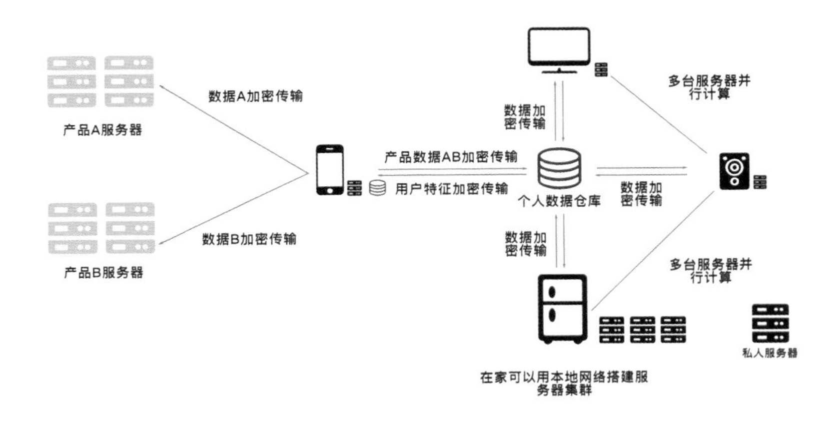

“去中心化”的个人网络设计